Ciencias físicas

Ondas: Luz y sonido	2
Vibrar y producir sonido	4
Investigación Sonido	6
NATIONAL GEOGRAPHIC LEARNING | Piensa como un científico **Planificar e investigar**	8
El sonido hace que las cosas vibren	10
Investigación Vibración	12
NATIONAL GEOGRAPHIC LEARNING | Piensa como un científico **Planificar e investigar**	14
Luz	16

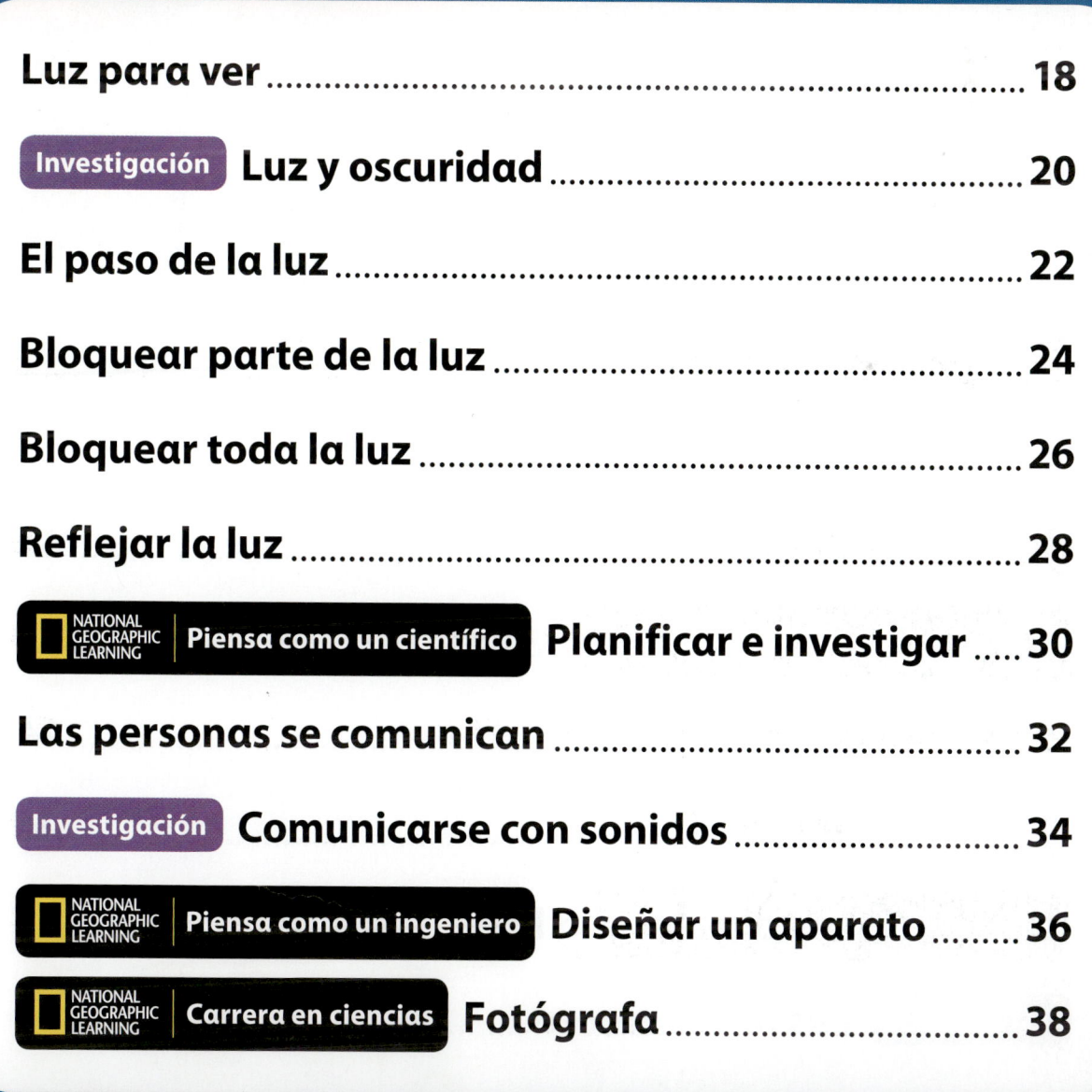

Luz para ver	18
Investigación **Luz y oscuridad**	20
El paso de la luz	22
Bloquear parte de la luz	24
Bloquear toda la luz	26
Reflejar la luz	28
NATIONAL GEOGRAPHIC LEARNING | Piensa como un científico **Planificar e investigar**	30
Las personas se comunican	32
Investigación **Comunicarse con sonidos**	34
NATIONAL GEOGRAPHIC LEARNING | Piensa como un ingeniero **Diseñar un aparato**	36
NATIONAL GEOGRAPHIC LEARNING | Carrera en ciencias **Fotógrafa**	38

iii

Ciencias de la vida

Estructura, función y procesamiento de información	40
Plantas	42
Raíces, tallos y hojas	44
Flores y frutos	46
Investigación Las plantas y la luz	48
Investigación Las raíces crecen	50

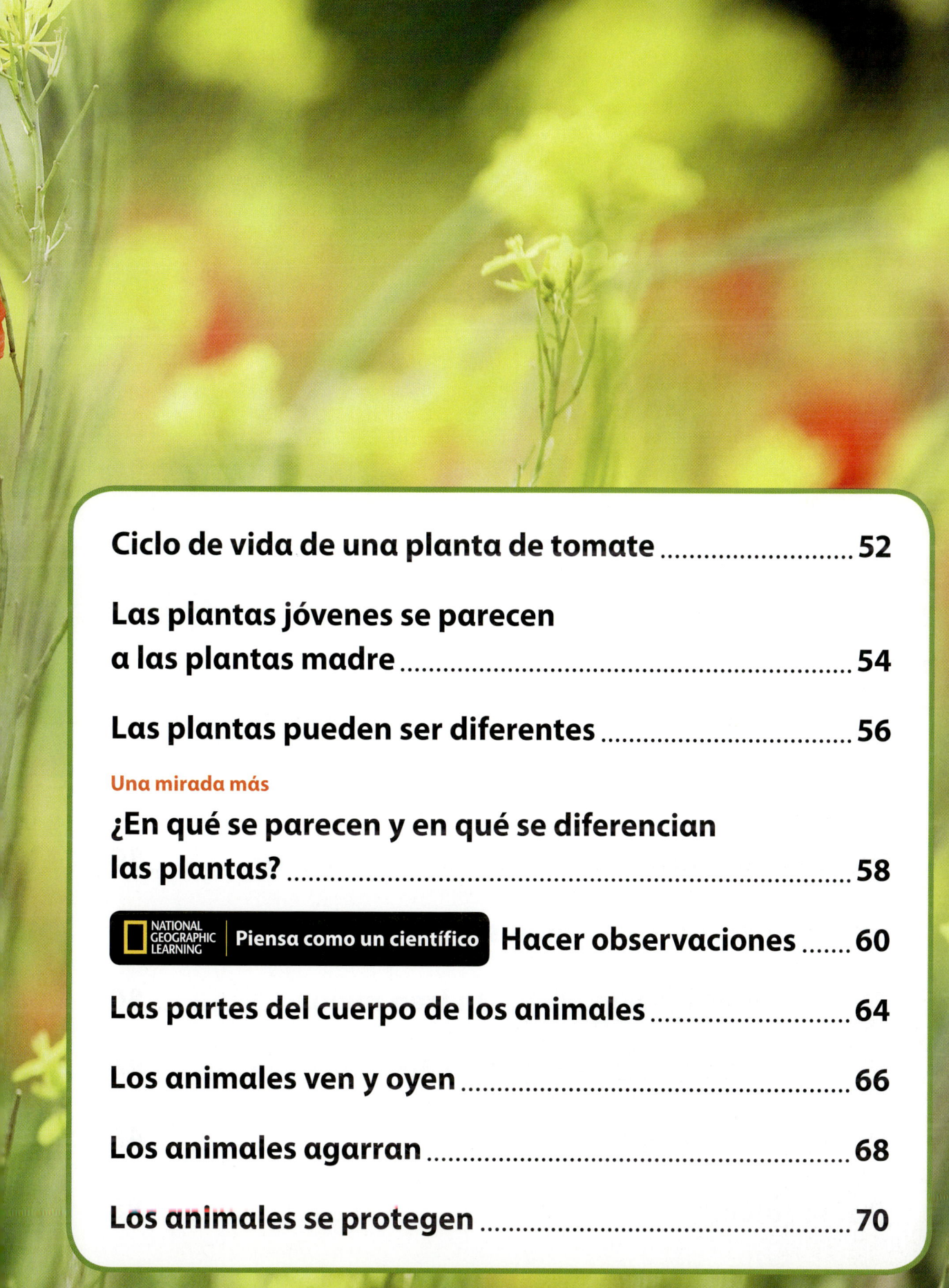

Ciclo de vida de una planta de tomate 52

Las plantas jóvenes se parecen a las plantas madre 54

Las plantas pueden ser diferentes 56

Una mirada más
¿En qué se parecen y en qué se diferencian las plantas? 58

NATIONAL GEOGRAPHIC LEARNING | Piensa como un científico Hacer observaciones 60

Las partes del cuerpo de los animales 64

Los animales ven y oyen 66

Los animales agarran 68

Los animales se protegen 70

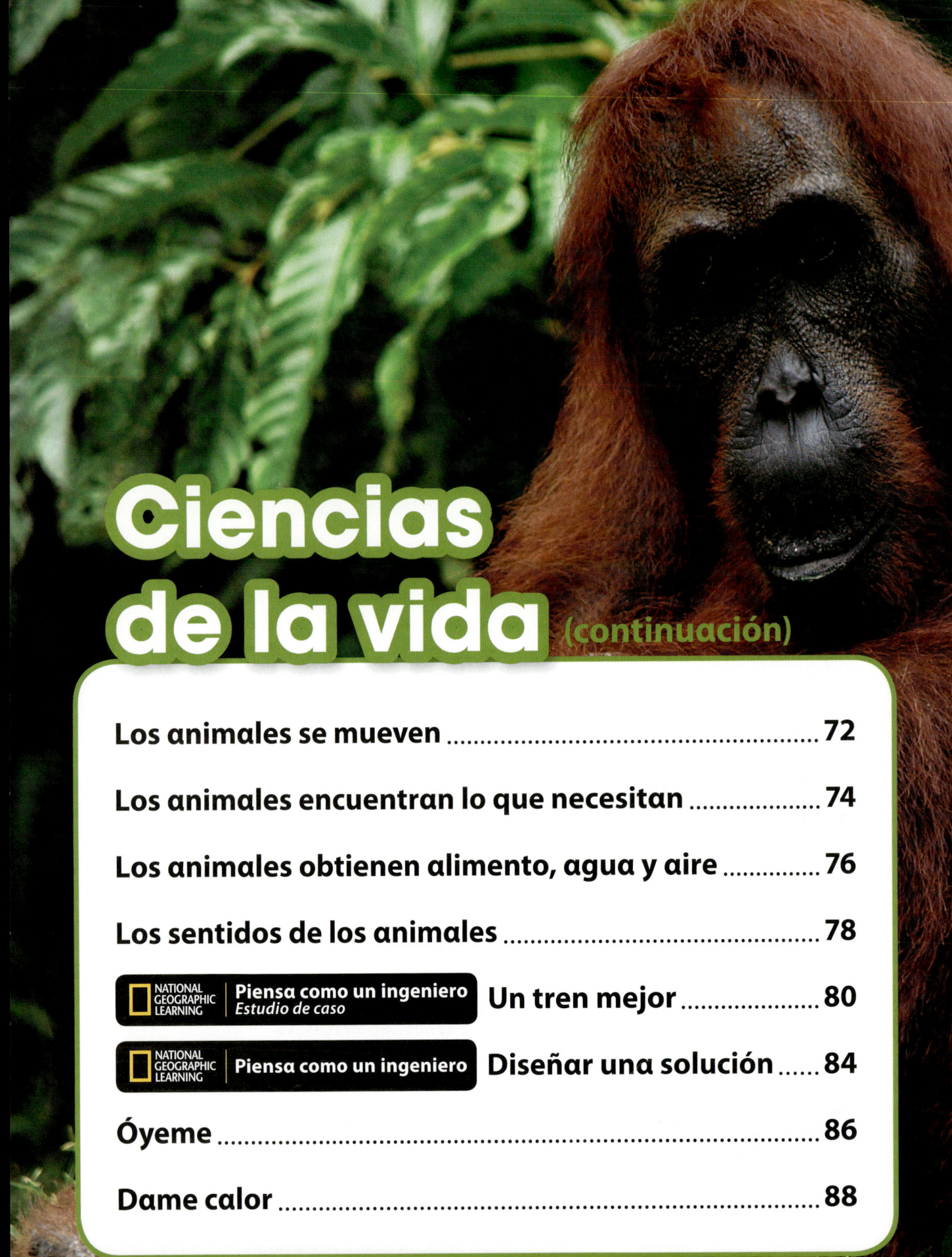

Ciencias de la vida (continuación)

Los animales se mueven	72
Los animales encuentran lo que necesitan	74
Los animales obtienen alimento, agua y aire	76
Los sentidos de los animales	78
NATIONAL GEOGRAPHIC LEARNING | Piensa como un ingeniero *Estudio de caso* **Un tren mejor**	80
NATIONAL GEOGRAPHIC LEARNING | Piensa como un ingeniero **Diseñar una solución**	84
Óyeme	86
Dame calor	88

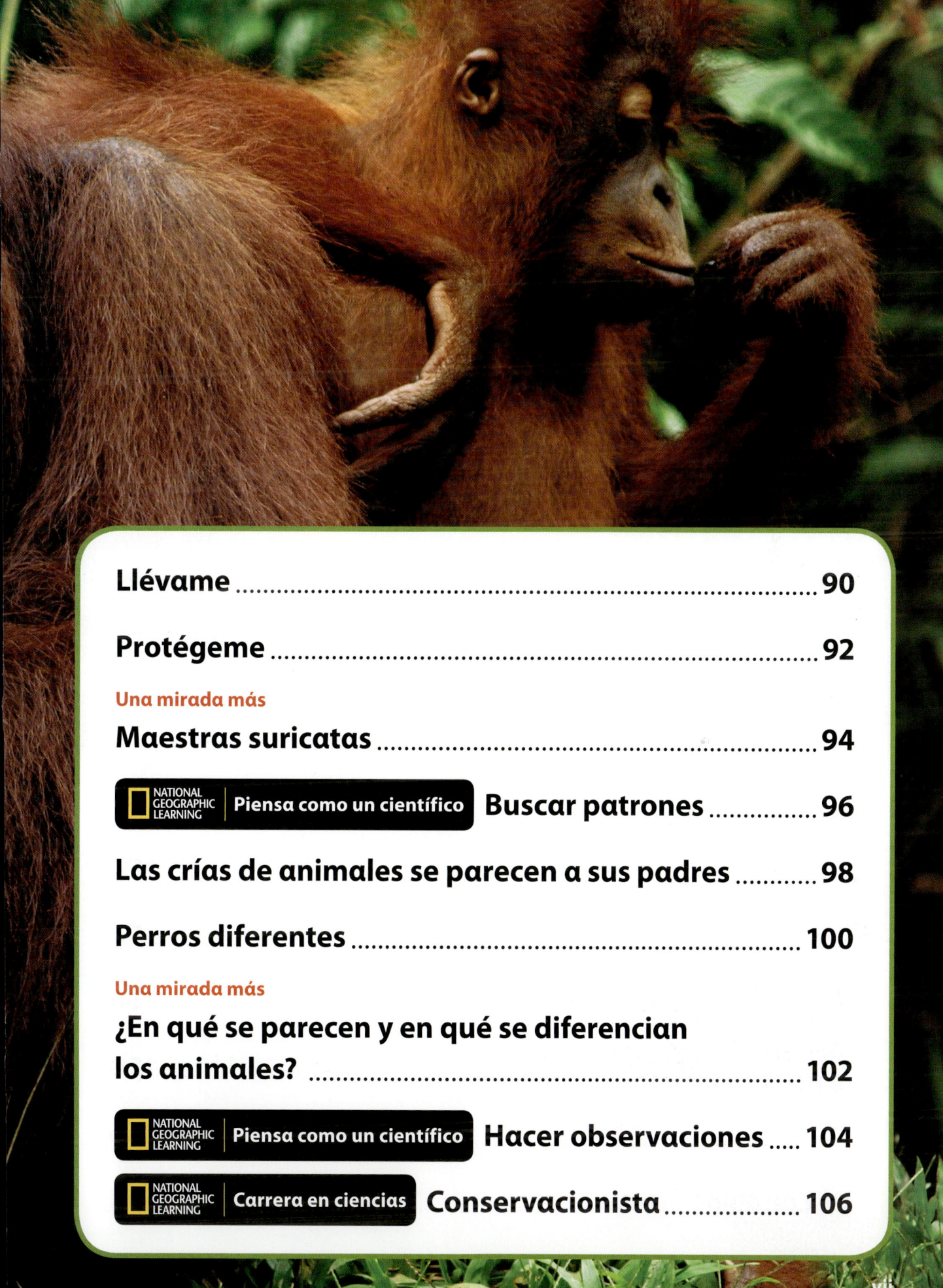

Llévame 90

Protégeme 92

Una mirada más

Maestras suricatas 94

NATIONAL GEOGRAPHIC LEARNING | Piensa como un científico **Buscar patrones** 96

Las crías de animales se parecen a sus padres 98

Perros diferentes 100

Una mirada más

¿En qué se parecen y en qué se diferencian los animales? 102

NATIONAL GEOGRAPHIC LEARNING | Piensa como un científico **Hacer observaciones** 104

NATIONAL GEOGRAPHIC LEARNING | Carrera en ciencias **Conservacionista** 106

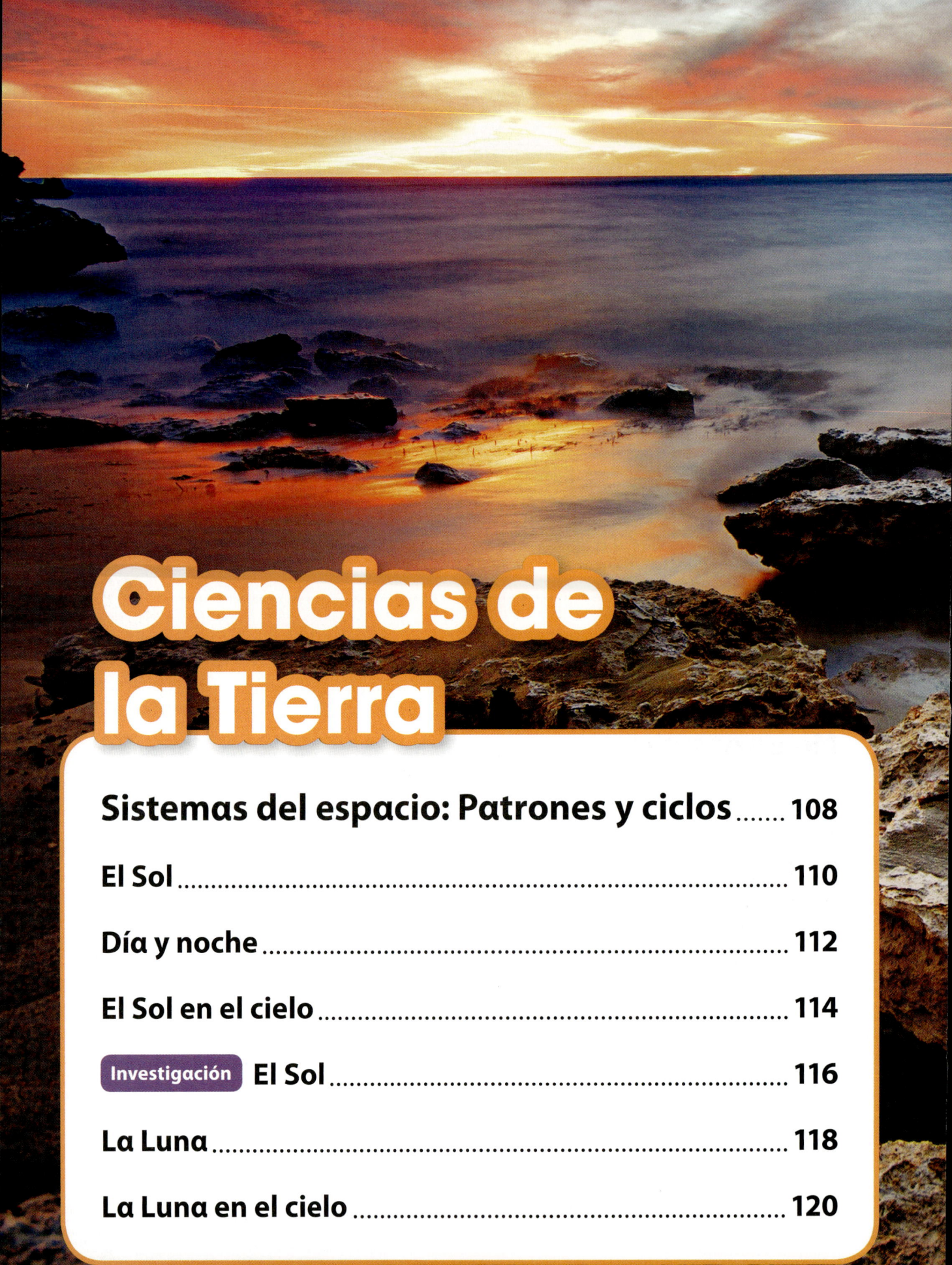

Ciencias de la Tierra

Sistemas del espacio: Patrones y ciclos 108

El Sol 110

Día y noche 112

El Sol en el cielo 114

Investigación El Sol 116

La Luna 118

La Luna en el cielo 120

Investigación La Luna 122

Las estrellas 124

Patrones de estrellas 126

Las estrellas en el cielo 128

Patrones de movimiento 130

Investigación El cielo nocturno 132

Las estaciones 134

La luz y las estaciones 136

NATIONAL GEOGRAPHIC LEARNING | Piensa como un científico **Hacer observaciones** 138

NATIONAL GEOGRAPHIC LEARNING | Carrera en ciencias **Astrónoma** 140

Glosario 142

Índice 147

Asesores, Créditos y Derecho de autor 152

ix

Ciencias físicas

Ondas: Luz y sonido

Vibrar y producir sonido

Puntea la cuerda de una guitarra. ¿Qué sucede? La cuerda se mueve de un lado a otro. Cuando las cosas se mueven rápidamente de un lado a otro, **vibran.** Las cosas que vibran, producen **sonido.**

ESTÁNDARES DE CIENCIAS DE LA PRÓXIMA GENERACIÓN | IDEAS DISCIPLINARIAS BÁSICAS
PS4.A: Propiedades de las ondas
El sonido puede hacer que la materia vibre y la materia que vibra puede producir sonido. (1-PS4-1)

CIENCIAS en un SEGUNDO

Sentir las vibraciones

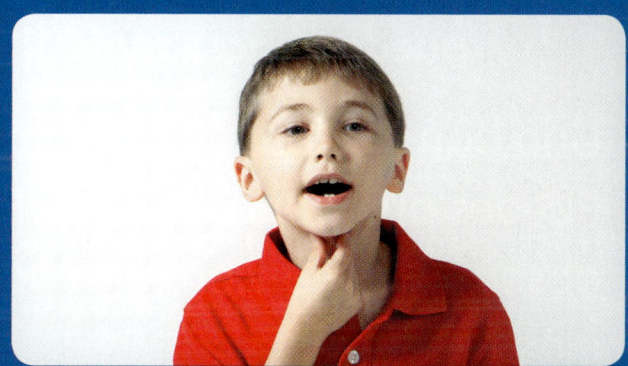

1 Tócate la garganta mientras hablas. Escucha el sonido.

2 Repite. Esta vez, habla más alto.

? ¿Qué sientes con los dedos? ¿Cómo cambia esto cuando hablas más alto?

¡Resúmelo!

1. ¿Qué significa vibrar?
2. Enumera otras cosas que vibren. ¿Qué sonidos hacen?

Mi cuaderno de ciencias

Investigación

Sonido

? ¿Cómo las vibraciones pueden hacer sonido?

Una banda elástica se estira. Puedes puntearla. Vibrará. Puedes observar cómo vibra una banda elástica.

Materiales

2 bandas elásticas

caja de cartón **lupa**

 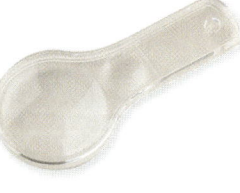

1 Ponte las gafas protectoras. Elige una banda elástica.

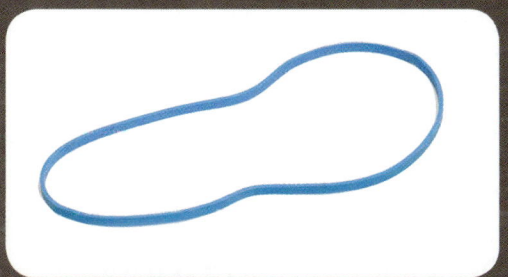

2 Estira la banda elástica alrededor de la caja.

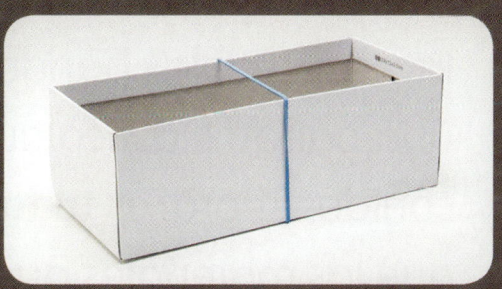

3 Predice qué pasará cuando puntees la banda elástica.

4 Puntea la banda elástica. Usa la lupa para ver cómo vibra. Anota lo que ves. Vuelve a intentarlo con la otra banda elástica.

¡Resúmelo!

1. ¿Qué pasó cuando punteaste las bandas elásticas? ¿Qué viste? ¿Qué escuchaste?

2. Compara las dos bandas elásticas. ¿En qué se diferenciaron?

Piensa como un científico

Planificar e investigar

Investigaste las bandas elásticas. Descubriste que una banda elástica puede vibrar. Luego, hace un sonido. Ahora, es tu turno. ¿Cómo puedes demostrar que los materiales que vibran producen sonido?

1 Planifica una investigación.

Mi cuaderno de ciencias

Piensa en cosas que hagan sonido cuando vibran. Piensa en cómo puedes hacerlas vibrar. Anota tus ideas.

Enumera algunas cosas para probar. Haz un plan. Haz un dibujo sobre cómo será tu prueba.

Reúne los materiales.

2 Haz la investigación.

Lleva a cabo tu plan. Observa qué sucede. Indica qué ves y qué oyes antes y durante la prueba. Anota tus datos en una tabla.

ESTÁNDARES DE CIENCIAS DE LA PRÓXIMA GENERACIÓN | EXPECTATIVA DE DESEMPEÑO
1-PS4-1. Planificar y llevar a cabo investigaciones para proporcionar evidencia de que los materiales que vibran pueden producir sonido y que el sonido puede hacer que los materiales vibren.

3 **Analiza tus resultados.**
Observa tus datos. ¿Cuáles son tus resultados? ¿Los materiales producían sonido cuando no vibraban? ¿Los materiales que vibraban producían sonido?

4 **Comparte tus resultados.**
Muestra a los demás cómo hiciste que los materiales vibraran. Explica qué pasó cuando los materiales vibraron.

El sonido hace que las cosas vibren

Las cosas que vibran producen sonido. El sonido también puede hacer que las cosas vibren. Los percusionistas que tocan estos grandes tambores hacen un sonido fuerte. Si pudieras tocar las paredes y el piso de la habitación, probablemente sentirías la vibración del sonido.

¡Resúmelo!

1. ¿Qué podrías tocar, cerca de un tambor ruidoso, para sentir la vibración del sonido?

2. ¿Qué sonidos podrían causar que las cosas vibraran en tu casa?

Investigación

Vibración

? **¿Cómo puedes usar el sonido para hacer que un objeto vibre?**

Has aprendido que el sonido puede hacer que los objetos vibren. Puedes observar cómo el sonido de tu voz hace que un globo vibre.

Materiales

globo inflado  tubo de toallas de papel

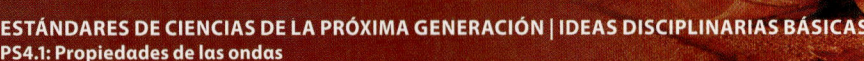

1 Trabaja con un compañero. Sostén el globo suavemente con las puntas de los dedos.

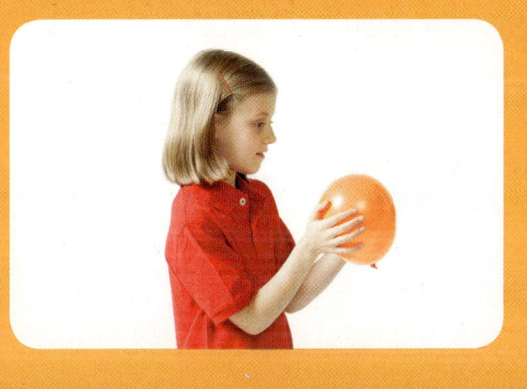

2 Mientras tu compañero habla en voz baja por un extremo del tubo, sostén el globo muy cerca del otro extremo.

Mi cuaderno de ciencias

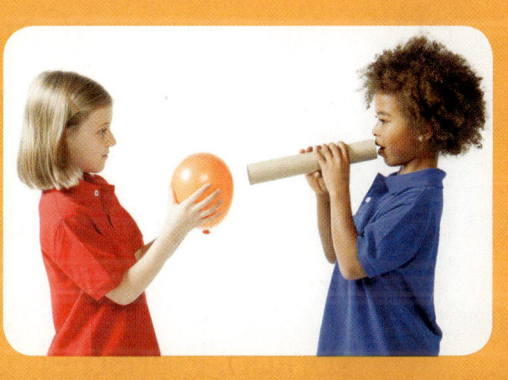

3 Observa qué oyes. Observa qué sientes a través del globo. Anota lo que oyes y sientes.

4 Intercambia lugares y repite el proceso mientras tu compañero observa y toma notas.

¡Resúmelo!

1. ¿Qué sentiste mientras sostenías el globo?
2. ¿Qué pasaría si tu compañero le diera golpecitos al tubo?

Mi cuaderno de ciencias

Piensa como un científico

Planificar e investigar

Usaste el sonido para hacer que vibrara un globo. Ahora, investigarás las vibraciones con otros materiales. ¿Cómo puedes demostrar que el sonido hace que los materiales vibren?

1 **Planifica una investigación.**

Mi cuaderno de ciencias

Piensa en cosas que produzcan sonido. Piensa en cómo puedes usar ese sonido para hacer que vibre otra cosa. Anota tus ideas.

Haz un plan. Anota los pasos. Haz un dibujo sobre cómo será tu prueba.

Reúne los materiales.

ESTÁNDARES DE CIENCIAS DE LA PRÓXIMA GENERACIÓN | EXPECTATIVA DE DESEMPEÑO
1-PS4-1. Planificar y llevar a cabo investigaciones para proporcionar evidencia de que los materiales que vibran pueden producir sonido y que el sonido puede hacer que los materiales vibren.

2 **Haz la investigación.**
Lleva a cabo tu plan. Observa qué sucede. Dibuja cómo usaste el sonido para hacer que otro material vibrara.

3 **Analiza tus resultados.**
Observa tus datos. ¿Cuáles son tus resultados?

4 **Comparte tus resultados.**
Cuéntale a un compañero cómo el sonido puede hacer que otro material vibre. Usa tus resultados como ayuda en tu explicación.

Luz

¿Qué ves en esta fotografía? Hay venados, árboles y una colina cubierta de hierbas. También ves la luz solar. La **luz** te ayuda a ver los objetos.

El sol emite su propia luz. La luz del sol nos permite ver durante el día. De noche, está oscuro. Las personas no pueden ver en la oscuridad.

ESTÁNDARES DE CIENCIAS DE LA PRÓXIMA GENERACIÓN | IDEAS DISCIPLINARIAS BÁSICAS
PS4.B: Radiación electromagnética
Los objetos sólo pueden verse cuando hay luz para iluminarlos. Algunos objetos emiten su propia luz. (1-PS4-2)

¡Resúmelo!

1. ¿Qué te ayuda a ver los objetos en la fotografía de esta página?

2. ¿Qué podrías ver si esta fotografía se hubiera tomado en una noche muy oscura?

Luz para ver

La mayor parte de esta cueva está oscura. Las personas sólo pueden ver donde hay luz. El buzo usa una linterna para generar luz. Ahora, el buzo puede ver la cueva.

ESTÁNDARES DE CIENCIAS DE LA PRÓXIMA GENERACIÓN | IDEAS DISCIPLINARIAS BÁSICAS
PS4.B: Radiación electromagnética
Los objetos sólo pueden verse cuando hay luz para iluminarlos. Algunos objetos emiten su propia luz. (1-PS4-2)

Un poco de luz llega a la cueva por la entrada. Lejos de la entrada, la cueva está oscura.

¡Resúmelo!

1. ¿Por qué puedes ver los objetos en esta cueva?

2. ¿Qué podrías ver en la fotografía si la linterna del buzo estuviese apagada?

Mi cuaderno de ciencias

Investigación

Luz y oscuridad

? **¿Necesitas luz para ver?**

Entras a una habitación oscura. ¿Qué puedes ver? Enciende una luz. ¿Qué puedes ver ahora? Puedes investigar cuándo puedes ver y cuándo no.

Materiales

caja de cartón con dos agujeros

linterna

cinta adhesiva

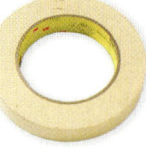

ESTÁNDARES DE CIENCIAS DE LA PRÓXIMA GENERACIÓN | EXPECTATIVA DE DESEMPEÑO
1-PS4-2. Hacer observaciones para desarrollar un informe basado en la evidencia que sostenga que los objetos sólo pueden verse cuando están iluminados.

1 Encuentra el agujero grande en la parte superior de la caja. Coloca la linterna sobre ese agujero. Usa la cinta para pegar la linterna.

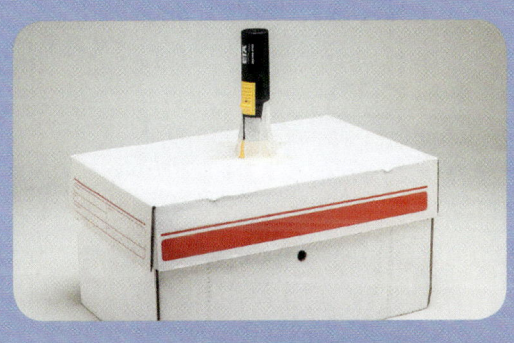

2 Tápate los ojos. Tu compañero buscará un objeto del salón sin que tú sepas qué es y lo pondrá dentro de la caja. ¡No espíes!

3 No enciendas la linterna todavía. Mira por el agujero. Dibuja lo que ves. Enciende la linterna y vuelve a mirar. Dibuja lo que ves.

4 Intercambia lugares con tu compañero. Repitan los pasos 2 y 3.

¡Resúmelo!

1. ¿Qué viste dentro de la caja cuando la luz estaba apagada?
2. ¿Qué viste dentro de la caja cuando la luz estaba encendida?
3. Explica cómo la luz cambió lo que viste.

El paso de la luz

Observa esta tortuga marina. Puedes verla aunque esté bajo el agua. El agua poco profunda es clara. Los materiales **claros** no bloquean la luz. Permiten que la luz pase a través de ellos.

La luz pasa a través del agua, por eso puedes ver a la tortuga marina y los corales que están en el fondo.

ESTÁNDARES DE CIENCIAS DE LA PRÓXIMA GENERACIÓN | IDEAS DISCIPLINARIAS BÁSICAS
PS4.B: Radiación electromagnética
Algunos materiales permiten el paso de la luz, otros sólo permiten el paso de parte de la luz y otros bloquean toda la luz y crean una sombra oscura en cualquier superficie detrás de ellos, donde la luz no llega. (1-PS4-3)

La científica está sentada en un submarino. Una bóveda de plástico claro la recubre. La bóveda no bloquea la luz.

¡Resúmelo!

1. ¿Qué significa que los objetos sean claros?

2. Nombra dos objetos de tu casa o de la escuela que sean claros.

Mi cuaderno de ciencias

Bloquear parte de la luz

Algunos materiales bloquean parte de la luz. Aún así permiten que pase algo de luz. Las alas de esta mariposa permiten que pase parte de la luz. Puedes ver los pétalos de la flor a través de las alas de la mariposa.

ESTÁNDARES DE CIENCIAS DE LA PRÓXIMA GENERACIÓN | IDEAS DISCIPLINARIAS BÁSICAS
PS4.B: Radiación electromagnética
Algunos materiales permiten el paso de la luz, otros sólo permiten el paso de parte de la luz y otros bloquean toda la luz y crean una sombra oscura en cualquier superficie detrás de ellos, donde la luz no llega. (1-PS4-3)

¡Resúmelo!

1. ¿Cómo sabes que las alas de la mariposa permiten que parte de la luz pase a través de ellas?

2. Nombra tres objetos de tu casa o de la escuela que bloqueen parte de la luz.

Mi cuaderno de ciencias

Bloquear toda la luz

Algunos objetos bloquean toda la luz. No pasa nada de luz a través de ellos. Las cosas que bloquean la luz forman una sombra.

¿Puedes ver la sombra de la libélula en la fotografía? Una **sombra** es un lugar oscuro al lado o debajo de un objeto. La luz está de un lado del objeto. La sombra está del lado opuesto. La forma de la sombra cambia cuando el objeto se mueve o cuando la luz se mueve.

ESTÁNDARES DE CIENCIAS DE LA PRÓXIMA GENERACIÓN | IDEAS DISCIPLINARIAS BÁSICAS
PS4.B: Radiación electromagnética
Algunos materiales permiten el paso de la luz, otros sólo permiten el paso de parte de la luz y otros bloquean toda la luz y crean una sombra oscura en cualquier superficie detrás de ellos, donde la luz no llega. (1-PS4-3)

La luz pasa a través de las alas de la libélula, pero no pasa por su cuerpo.

1 Pide a un compañero que se pare detrás de ti con una linterna. Mira hacia la pared. Mueve las manos frente a la luz. Observa qué sucede.

2 Repite el proceso con la linterna apagada. Observa qué es diferente.

? ¿Dónde apareció la sombra? ¿Qué pasó cuando se apagó la linterna?

¡Resúmelo!

1. ¿Qué es una sombra?
2. ¿De qué manera tu cuerpo forma una sombra?
3. Si te paras mirando hacia el sol, ¿dónde estará tu sombra?

Mi cuaderno de ciencias

Reflejar la luz

Algunos objetos **reflejan** la luz. Hacen que la luz rebote. Los objetos lisos y brillantes reflejan la luz con claridad. Por eso, puedes ver tu reflejo en un espejo.

Observa a los guepardos de la fotografía. Puedes ver que sus imágenes se reflejan en el agua. El agua está pareja, como un espejo. La luz del sol rebota en la superficie del agua.

ESTÁNDARES DE CIENCIAS DE LA PRÓXIMA GENERACIÓN | IDEAS DISCIPLINARIAS BÁSICAS
PS4.B: Radiación electromagnética
Los espejos pueden usarse para reorientar un haz de luz. (1-PS4-3)

CIENCIAS en un SEGUNDO

Reflejos

1 Alumbra un espejo con una linterna. Observa qué sucede. Ahora, mueve la luz. Observa qué pasa.

2 Ahora mueve el espejo. Vuelve a alumbrarlo con la linterna.

? ¿Qué pasó cuando moviste la luz? ¿Y cuando moviste el espejo?

¡Resúmelo!

1. ¿Qué ocurre cuando la luz alumbra un espejo?

2. ¿De qué manera el agua puede actuar como un espejo?

Mi cuaderno de ciencias

Piensa como un científico

Planificar e investigar

Has aprendido que la luz hace cosas diferentes cuando ilumina materiales distintos. Ahora, es tu turno. ¿Cómo puedes demostrar qué pasa con la luz cuando ilumina diferentes objetos?

1 **Planifica una investigación.**

Mi cuaderno de ciencias

Piensa en qué hace la luz cuando ilumina objetos diferentes.

Enumera algunas cosas para probar. Haz un plan. Haz un dibujo sobre cómo será tu prueba.

Reúne los materiales.

2 **Haz la investigación.**
Lleva a cabo tu plan. Dibuja lo que haces durante los pasos de tu investigación. Dibuja lo que observas con cada material que pruebas.

ESTÁNDARES DE CIENCIAS DE LA PRÓXIMA GENERACIÓN | EXPECTATIVA DE DESEMPEÑO
1-PS4-3. Planificar y llevar a cabo una investigación para determinar el efecto de colocar objetos hechos con diferentes materiales en la trayectoria de un haz de luz.

3 Analiza tus resultados.

Observa tus datos. ¿Cuáles son tus resultados? ¿Cómo interaccionaron los materiales y la luz? ¿La luz se reflejó en algunos materiales? ¿En cuáles?

4 Comparte tus resultados.

Muestra tus dibujos a los demás. Cuéntales cómo hiciste las pruebas. Explica qué hizo la luz en cada prueba.

Observa los resultados de un compañero. ¿Hiciste las mismas clases de pruebas? ¿Observaste las mismas cosas? ¿Qué puedes aprender de las pruebas que hizo tu compañero?

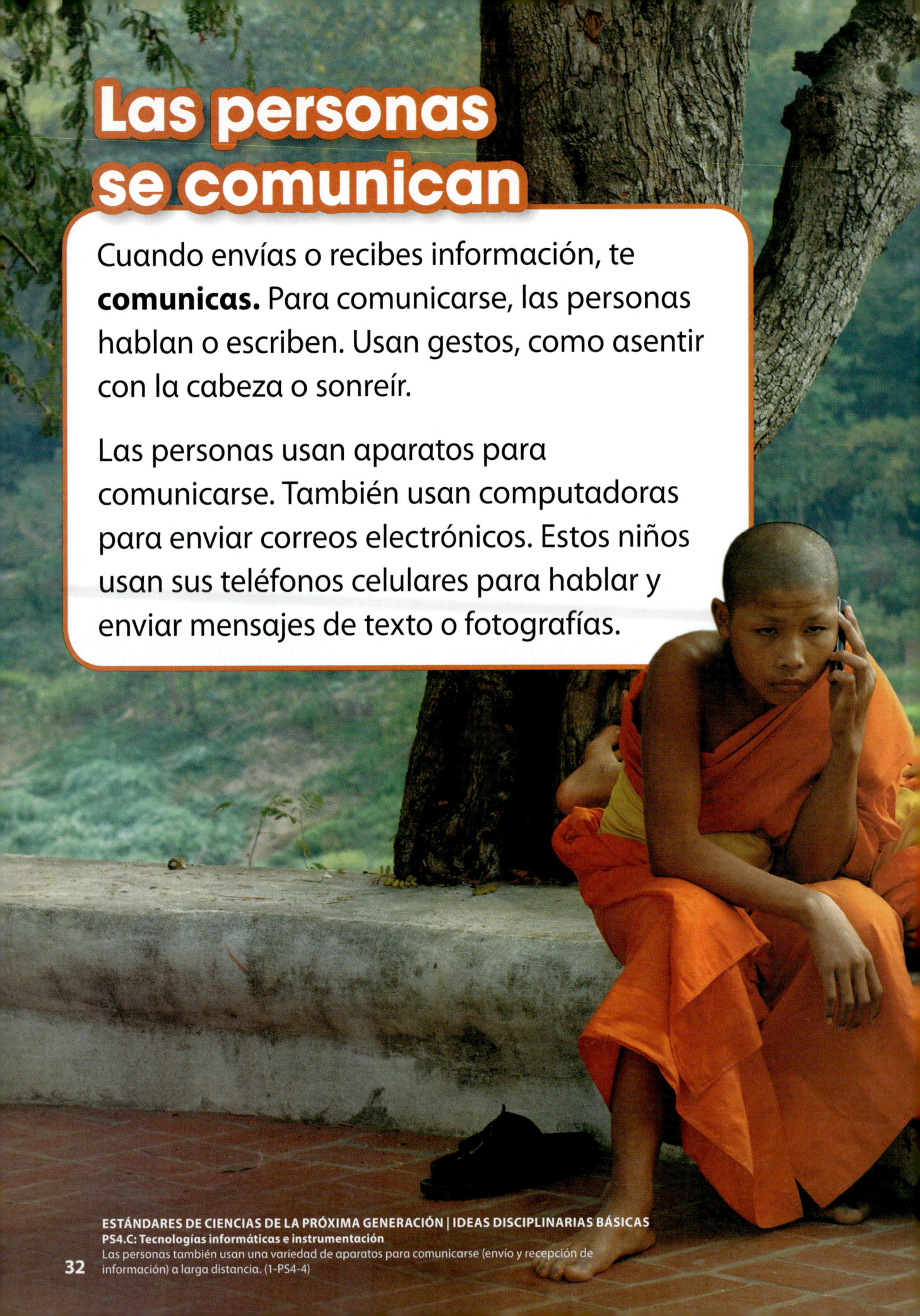

Las personas se comunican

Cuando envías o recibes información, te **comunicas.** Para comunicarse, las personas hablan o escriben. Usan gestos, como asentir con la cabeza o sonreír.

Las personas usan aparatos para comunicarse. También usan computadoras para enviar correos electrónicos. Estos niños usan sus teléfonos celulares para hablar y enviar mensajes de texto o fotografías.

ESTÁNDARES DE CIENCIAS DE LA PRÓXIMA GENERACIÓN | IDEAS DISCIPLINARIAS BÁSICAS
PS4.C: Tecnologías informáticas e instrumentación
Las personas también usan una variedad de aparatos para comunicarse (envío y recepción de información) a larga distancia. (1-PS4-4)

CIENCIAS en un SEGUNDO

Usar linternas para comunicarse

Sí   No

1 Párate del otro lado del salón, alejado de tu compañero. Haz tres preguntas. Pide a tu compañero que use el código de Sí/No para responder.

2 Intercambien roles y repitan el paso 1.

? ¿Comprendiste las respuestas de tu compañero? ¿Tu compañero comprendió las tuyas?

¡Resúmelo!

1. Tú y un amigo están en la misma habitación. ¿Cómo pueden comunicarse?

2. Un familiar vive lejos. ¿Cómo puedes mantenerte en contacto con él?

Mi cuaderno de ciencias

Investigación

Comunicarse con sonidos

? **¿Cómo puedes comunicarte con sonidos?**

Las personas usan los teléfonos para comunicarse. En algunos teléfonos, el sonido viaja por cables de un teléfono a otro. Puedes representar cómo funciona este tipo de comunicación.

Materiales

2 vasos con una abertura pequeña

hilo y clips

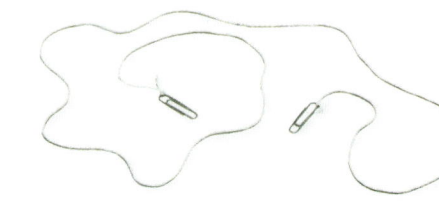

ESTÁNDARES DE CIENCIAS DE LA PRÓXIMA GENERACIÓN | IDEAS DISCIPLINARIAS BÁSICAS
PS4.C: Tecnologías informáticas e instrumentación
Las personas también usan una variedad de aparatos para comunicarse (envío y recepción de información) a larga distancia. (1-PS4-4)

1. Inserta un clip por la abertura de cada vaso.

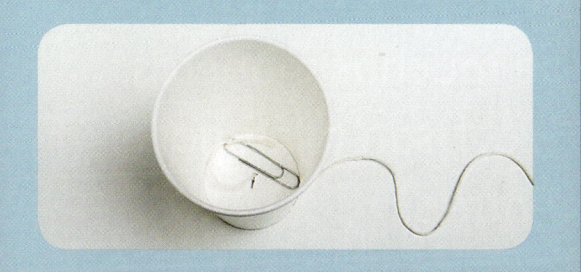

2. Trabaja con un compañero. Sostengan los dos vasos a cierta distancia. No jalen de la cuerda con fuerza.

3. Habla suavemente por tu vaso. Pide a tu compañero que escuche en el otro vaso. Luego, escucha cuando hable tu compañero.

4. Anoten los mensajes en sus cuadernos. Compárenlos para ver si los anotaron correctamente.

Mi cuaderno de ciencias

¡Resúmelo!

1. ¿Recibiste el mensaje de tu compañero correctamente? ¿Tu compañero recibió tu mensaje correctamente?

2. Usa lo que sabes sobre el sonido. Indica cómo el sonido fue de tu vaso al vaso de tu compañero.

Mi cuaderno de ciencias

NATIONAL GEOGRAPHIC LEARNING | **Piensa como un ingeniero**

Diseñar un aparato

Las personas se comunican de muchas maneras. Hablan. Asienten con la cabeza. Usan teléfonos para hablar y enviarse fotos entre sí.

Ahora es tu turno. ¿Cómo puedes usar el sonido o la luz para comunicarte con un compañero?

1 **Diseña tu aparato.**

Mi cuaderno de ciencias

Trabaja con un compañero. ¿Cómo puedes enviar un mensaje al otro lado del salón? ¿Qué materiales necesitarás?

Anota tus ideas. Dibuja tu aparato. Rotula qué hará cada parte.

Reúne tus materiales. Construye tu aparato.

ESTÁNDARES DE CIENCIAS DE LA PRÓXIMA GENERACIÓN | EXPECTATIVA DE DESEMPEÑO
1-PS4-4. Usar herramientas y materiales para diseñar y construir un aparato que use la luz o el sonido para resolver el problema de comunicarse a la distancia.

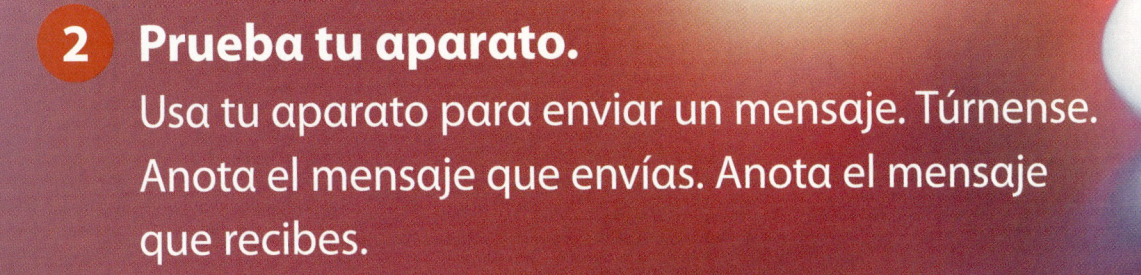

2 **Prueba tu aparato.**
Usa tu aparato para enviar un mensaje. Túrnense. Anota el mensaje que envías. Anota el mensaje que recibes.

3 **Perfecciona o haz cambios a tu aparato.**
Estudia tus resultados. ¿Tu compañero recibió tu mensaje? ¿Recibiste el mensaje de tu compañero? ¿Puedes mejorar el aparato? Anota tus ideas. ¡Inténtalo!

4 **Comparte tus resultados.**
Muestra a tu clase cómo funciona tu aparato. Explica todas sus partes. Explica cómo las personas pueden usar el sonido y la luz para comunicarse.

Carrera en ciencias

Fotógrafa

Gabby Salazar es fotógrafa. Una fotógrafa toma fotografías. Es importante que los fotógrafos sepan sobre la luz. Ellos usan la luz en sus fotografías. La manera en que brilla la luz puede hacer que una fotografía se vea bien o mal.

Gabby viaja por todo el mundo tomando fotografías de la naturaleza. Pasó diez meses en Perú. Allí, las personas están trabajando para proteger la selva tropical. Ella tomó fotografías de las plantas, los animales y las personas que viven allí. Para Gabby es importante proteger la vida silvestre.

ESTÁNDARES DE CIENCIAS DE LA PRÓXIMA GENERACIÓN | CONEXIONES CON LA NATURALEZA DE LAS CIENCIAS
Las investigaciones científicas usan una variedad de métodos
En las ciencias, se usan diferentes maneras para estudiar el mundo.

NATIONAL GEOGRAPHIC | Exploradora

Gabby Salazar es fotógrafa de la naturaleza. Trabaja para proteger plantas y animales. A Gabby también le gusta dar clases de fotografía a niños.

Ciencias de la vida

Estructura, función y procesamiento de información

Los pingüinos rey van hacia el océano para buscar alimento.

Plantas

Las plantas son seres vivos. Las plantas tienen diferentes partes. Esas partes ayudan a que las plantas **sobrevivan** o se mantengan con vida. Las partes ayudan a que la planta viva y crezca.

Los árboles son plantas.

Las enredaderas de este árbol son plantas.

Este helecho es una planta.

¡Resúmelo!

1. Nombra tres plantas que conozcas.
2. ¿Qué significa sobrevivir?

Mi cuaderno de ciencias

ESTÁNDARES DE CIENCIAS DE LA PRÓXIMA GENERACIÓN | IDEAS DISCIPLINARIAS BÁSICAS
LS1.A: Estructura y función
Todos los organismos tienen partes externas. Los distintos animales usan las partes del cuerpo de diferentes maneras para ver, oír, agarrar objetos, protegerse, ir de un lugar a otro, y buscar, hallar y obtener alimento, agua y aire. Las plantas también tienen diferentes partes (raíces, tallos, hojas, flores y frutos) que las ayudan a sobrevivir y crecer. (1-LS1-1)

43

Raíces, tallos y hojas

¿Cómo sobrevives y creces? Usas las partes de tu cuerpo para obtener lo que necesitas. Las plantas también deben obtener lo que necesitan. Lee las leyendas para ver cómo las raíces, los tallos y las hojas ayudan a este árbol a sobrevivir y crecer.

Las plantas verdes usan el agua, el aire y la luz para fabricar alimento en sus **hojas**. El alimento baja desde las hojas hasta las raíces.

El **tallo** sostiene a la planta para que esté derecha. Los tallos también sostienen a las hojas. El agua y el alimento se mueven por el tallo. El tallo de un árbol se llama tronco.

¡Resúmelo!

1. ¿Qué hacen las hojas de una planta?
2. ¿Cómo trabajan en conjunto las raíces, los tallos y las hojas para ayudar a las plantas a sobrevivir y crecer?

Mi cuaderno de ciencias

Las **raíces** absorben agua. Las raíces también ayudan a que la planta se mantenga en su lugar. El agua sube desde las raíces hasta las hojas.

ESTÁNDARES DE CIENCIAS DE LA PRÓXIMA GENERACIÓN | IDEAS DISCIPLINARIAS BÁSICAS
LS1.A: Estructura y función
Todos los organismos tienen partes externas. Los distintos animales usan las partes del cuerpo de diferentes maneras para ver, oír, agarrar objetos, protegerse, ir de un lugar a otro, y buscar, hallar y obtener alimento, agua y aire. Las plantas también tienen diferentes partes (raíces, tallos, hojas, flores y frutos) que las ayudan a sobrevivir y crecer. (1-LS1-1)

45

Flores y frutos

Muchas plantas tienen flores. Las flores pueden ser de muchos colores. Pueden tener diferentes formas y tamaños. Las flores pueden convertirse en frutos. Los frutos contienen semillas. De esas semillas pueden crecer plantas nuevas.

Las cerezas son el **fruto** del árbol cerezo.

Las cerezas contienen **semillas** que pueden convertirse en cerezos nuevos.

Las **flores** del cerezo pueden convertirse en cerezas.

¡Resúmelo!

1. ¿Cómo pueden cambiar las flores de un cerezo?

2. ¿Cómo ayudan las flores a que los cerezos sobrevivan y crezcan?

Mi cuaderno de ciencias

ESTÁNDARES DE CIENCIAS DE LA PRÓXIMA GENERACIÓN | IDEAS DISCIPLINARIAS BÁSICAS
LS1.A: Estructura y función
Todos los organismos tienen partes externas. Los distintos animales usan las partes del cuerpo de diferentes maneras para ver, oír, agarrar objetos, protegerse, ir de un lugar a otro, y buscar, hallar y obtener alimento, agua y aire. Las plantas también tienen diferentes partes (raíces, tallos, hojas, flores y frutos) que las ayudan a sobrevivir y crecer. (1-LS1-1)

47

Investigación

Las plantas y la luz

? ¿Qué le ocurre a una planta que está dentro de una caja?

Las plantas necesitan luz para sobrevivir. En esta actividad, bloquearás parte de la luz que recibe una planta. Verás qué le ocurre a la planta.

Materiales

planta de frijol en una maceta

caja con abertura

ESTÁNDARES DE CIENCIAS DE LA PRÓXIMA GENERACIÓN | IDEAS DISCIPLINARIAS BÁSICAS
LS1.D: Procesamiento de información
Los animales tienen partes del cuerpo que captan y transmiten diferentes tipos de información necesaria para el crecimiento y la supervivencia. Los animales responden a estas señales con comportamientos que los ayudan a sobrevivir. Las plantas también responden a algunas señales externas. (1-LS1-1)

Mi cuaderno de ciencias

1 Coloca la planta dentro de la caja con la abertura. Dibuja cómo luce la planta.

2 Cierra la caja. Colócala en un lugar soleado. La abertura debe apuntar hacia el sol.

3 Después de un día, abre la caja. Observa la planta. Dibuja lo que observas.

4 Observa la planta todos los días durante una semana. Dibuja lo que observas cada día.

¡Resúmelo!

1. ¿Cómo lucía la planta después de estar dentro de la caja por un día? ¿Cómo lucía después de una semana?

2. ¿Qué crees que hizo que la planta creciera de esta manera?

Mi cuaderno de ciencias

49

Investigación

Las raíces crecen

? ¿Cómo crecen las raíces?

Has visto cómo las hojas y los tallos **responden,** o reaccionan, a la luz. Ahora, investigarás cómo responden las raíces.

Materiales

- cinta adhesiva
- 2 vasos de plástico
- 8 hojas de toalla de papel
- 2 semillas de frijol
- cuchara
- agua
- regla
- plastilina

ESTÁNDARES DE CIENCIAS DE LA PRÓXIMA GENERACIÓN | IDEAS DISCIPLINARIAS BÁSICAS
LS1.D: Procesamiento de información
Los animales tienen partes del cuerpo que captan y transmiten diferentes tipos de información necesaria para el crecimiento y la supervivencia. Los animales responden a estas señales con comportamientos que los ayudan a sobrevivir. Las plantas también responden a algunas señales externas. (1-LS1-1)

1 Rotula los vasos. Coloca las semillas y las toallas de papel en los vasos.

2 Usa la cuchara para agregar agua a las toallas de papel. Haz esto día por medio. Fíjate si las semillas germinan. Dibuja lo que ves.

3 Espera que las raíces crezcan hasta medir 1.5 cm de largo. Coloca el Vaso A de costado. Usa la plastilina para fijar el vaso en su lugar.

4 Riega las plantas día por medio. Observa cómo crecen las raíces. Anota tus observaciones.

¡Resúmelo!

1. ¿Cómo crecieron las raíces de las plantas al principio?

2. ¿Cómo cambió la raíz en el Vaso A cuando pusiste el vaso de costado?

3. ¿Cómo responden las raíces a un cambio de dirección?

51

Ciclo de vida de una planta de tomate

Las plantas jóvenes pueden convertirse en plantas adultas. Las plantas en edad adulta pueden crear nuevas plantas jóvenes. Las etapas por las que pasa una planta forman su **ciclo de vida.** Sigue las flechas del dibujo. Fíjate en cómo las plantas de tomate pueden crear plantas nuevas.

Los tomates que comen las personas son el fruto de la planta de tomate.

Cada fruto tiene muchas semillas.

Las plantas de tomate adultas pueden dar flores. Las flores producen frutos.

Una semilla que se planta en la tierra puede crecer hasta convertirse en una plántula.

Las **plántulas** pueden convertirse en plantas jóvenes. Las plantas jóvenes se convierten en plantas adultas.

¡Resúmelo!

1. ¿En qué se diferencia una planta de tomate adulta de una plántula?

2. ¿Cómo trabajan en conjunto las partes de una plántula para ayudarla a sobrevivir?

Mi cuaderno de ciencias

Las plantas jóvenes se parecen a las plantas madre

Este árbol es un pino ellioti joven. Crecerá hasta convertirse en un árbol adulto alto como los que están detrás de él. El árbol joven y los árboles adultos tienen mucho en común. Todos tienen hojas delgadas y verdes llamadas agujas. Todos tienen un tallo o tronco. Aunque son parecidos, tienen algunas diferencias.

Las agujas del pino ellioti son blandas. Su tronco es delgado y se dobla con facilidad.

ESTÁNDARES DE CIENCIAS DE LA PRÓXIMA GENERACIÓN | IDEAS DISCIPLINARIAS BÁSICAS
LS3.A: Herencia de características
Las plantas también se parecen mucho, pero no son exactamente iguales a las plantas madre. (1-LS3-1)

El pino ellioti adulto tiene un tronco alto y grueso. Está recubierto con una corteza áspera.

El pino ellioti adulto tiene el mismo tipo de hojas que el pino ellioti joven. Este árbol adulto tiene piñas. El árbol joven no las tiene.

¡Resúmelo!

1. ¿En qué se parecen el árbol adulto y el árbol joven?

2. ¿En qué se diferencian el árbol adulto y el árbol joven?

Mi cuaderno de ciencias

Las plantas pueden ser diferentes

Tal vez creas que todas estas plantas son de distintos tipos. No lo son. Son todas plantas zinnia en edad adulta. Las flores de las zinnias crecen de diferentes tamaños y colores. Las flores también tienen distintas cantidades de pétalos.

ESTÁNDARES DE CIENCIAS DE LA PRÓXIMA GENERACIÓN | IDEAS DISCIPLINARIAS BÁSICAS
LS3.B: Variación de características
Los individuos de la misma clase de planta o animal se reconocen como semejantes, pero también pueden variar de muchas maneras. (1-LS3-1)

Las flores de todas estas plantas de zinnia son diferentes. Pero todas las hojas tienen la misma forma.

¡Resúmelo!

1. ¿Qué te podría hacer creer que esta fotografía muestra diferentes tipos de plantas?

2. ¿Qué te podría hacer creer que las plantas en esta fotografía son del mismo tipo?

Mi cuaderno de ciencias

Una mirada más

¿En qué se parecen y en qué se diferencian las plantas?

La planta joven todavía no ha desarrollado suficientes hojas para formar la cabeza de un repollo.

La cabeza de un repollo crece en el centro de la planta de repollo adulta. Es una pelota pesada formada por capas de hojas.

ESTÁNDARES DE CIENCIAS DE LA PRÓXIMA GENERACIÓN | IDEAS DISCIPLINARIAS BÁSICAS
LS3.A: Herencia de características
Las crías de los animales se parecen mucho, pero no son exactamente iguales a sus padres. Las plantas también se parecen mucho, pero no son exactamente iguales a las plantas madre. (1-LS3-1)

LS3.B: Variación de características
Los individuos de la misma clase de planta o animal se reconocen como semejantes, pero también pueden variar de muchas maneras. (1-LS3-1)

La planta de lila adulta se transforma en un arbusto a medida que crece.

La planta de lila joven todavía no florece.

Comparte y compara

- Elige un tipo de planta. En hojas de papel aparte, dibuja a la planta en su etapa adulta y en su etapa de planta joven.

- Mezclen los dibujos que hicieron todos los estudiantes de su grupo. Intercambien sus dibujos con los de otro grupo.

- Encuentren las parejas de plantas adultas y plantas jóvenes del mismo tipo.

- ¿Cómo saben qué dibujos forman una pareja?

NATIONAL GEOGRAPHIC LEARNING | Piensa como un científico

Hacer observaciones

Puedes hacer observaciones sobre las plantas adultas y las plantas jóvenes. ¿En qué se parecen y en qué se diferencian las plantas adultas y las plantas jóvenes?

1 Planifica una investigación.
Elige un tipo de planta. Decide cómo la observarás. ¿Usarás plantas de verdad o fotografías? ¿En qué te fijarás? Dibuja o escribe tu plan en tu cuaderno de ciencias.

Mi cuaderno de ciencias

2 Haz la investigación.
Observa los detalles de la planta adulta y la planta joven. Anota tus observaciones en tu cuaderno de ciencias.

ESTÁNDARES DE CIENCIAS DE LA PRÓXIMA GENERACIÓN | EXPECTATIVA DE DESEMPEÑO
1-LS3-1. Hacer observaciones para desarrollar un informe basado en la evidencia que sostenga que las plantas jóvenes y los animales se parecen, pero no son exactamente iguales, a las plantas madre y a los animales adultos.

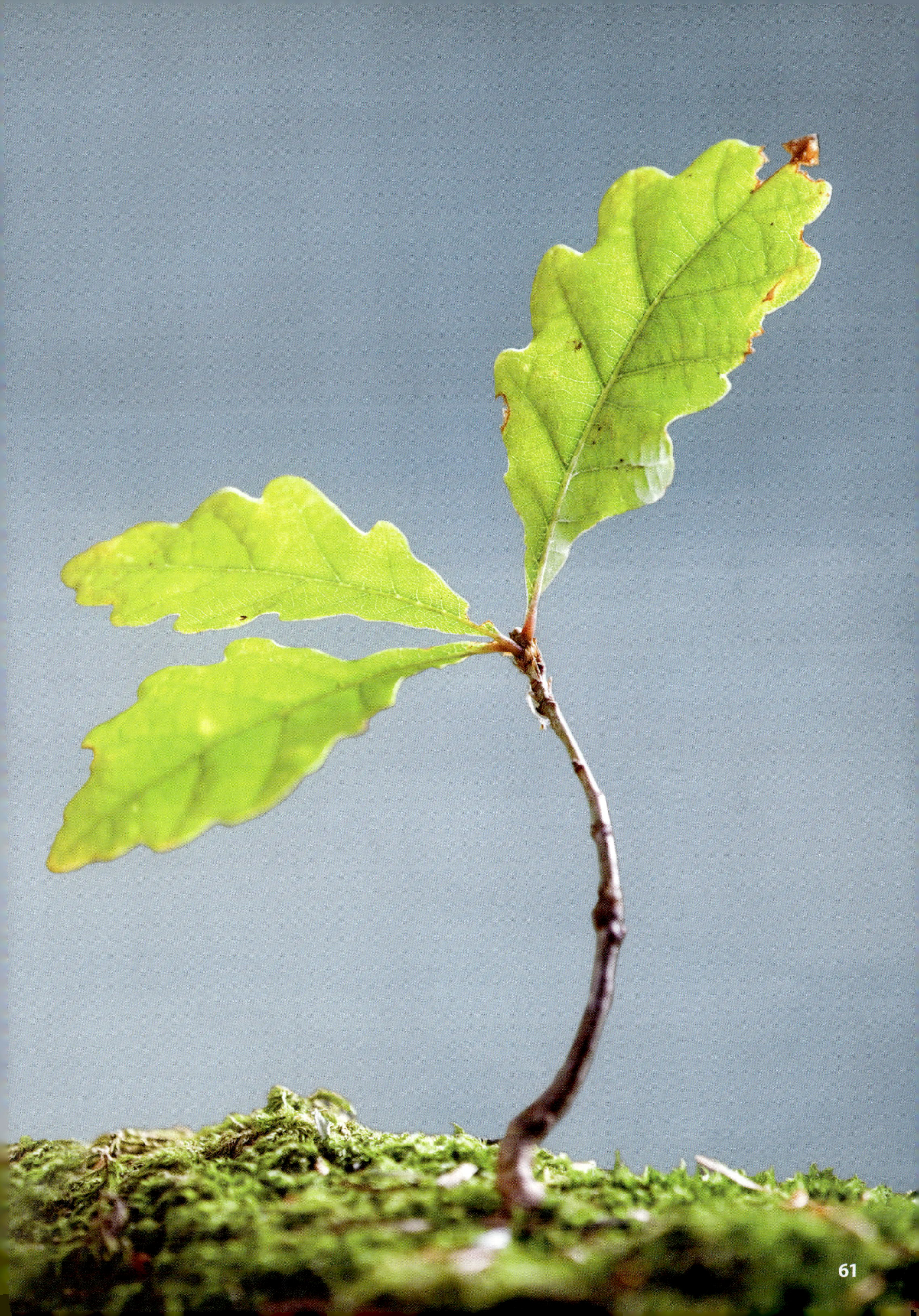

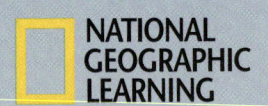

Piensa como un científico (continuación)

3 Revisa tus resultados.

Revisa los detalles que has observado. Anota la información en una tabla que compare la planta joven con la planta adulta. ¿Cómo responden la pregunta tus resultados?

4 Comparte tus resultados.

Cuenta a los demás qué observaste. Explica cómo tus resultados muestran en qué se parecen y en qué se diferencian las plantas jóvenes y las plantas adultas.

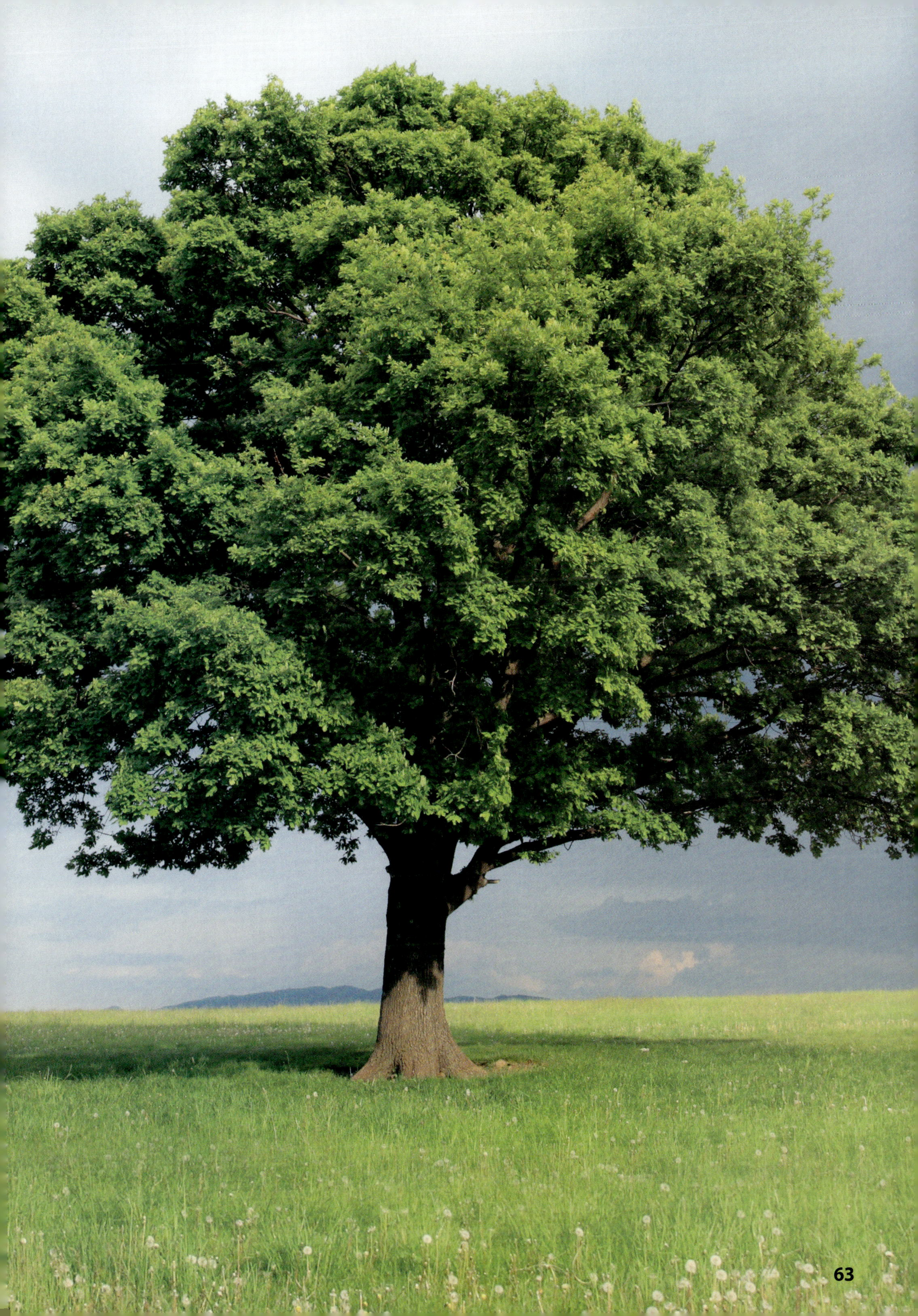

Las partes del cuerpo de los animales

Los animales son seres vivos. Al igual que las plantas, los animales tienen diferentes partes. Esas partes les ayudan a sobrevivir y crecer. Los animales usan sus partes para obtener lo que necesitan para sobrevivir.

El caimán usa las partes del cuerpo para sobrevivir.

El caimán usa su cola para avanzar por el agua.

Usa sus patas palmeadas como remos.

ESTÁNDARES DE CIENCIAS DE LA PRÓXIMA GENERACIÓN | IDEAS DISCIPLINARIAS BÁSICAS
LS1.A: Estructura y función
Todos los organismos tienen partes externas. Los distintos animales usan las partes del cuerpo de diferentes maneras para ver, oír, agarrar objetos, protegerse, ir de un lugar a otro, y buscar, hallar y obtener alimento, agua y aire. Las plantas también tienen diferentes partes (raíces, tallos, hojas, flores y frutos) que las ayudan a sobrevivir y crecer. (1-LS1-1)

¡Resúmelo!

1. ¿Cuáles son algunas partes del cuerpo del caimán?

2. ¿De qué manera las partes del cuerpo del caimán lo ayudan a sobrevivir?

Mi cuaderno de ciencias

Su piel oscura lo ayuda a ocultarse en el barro.

Usa su mandíbula fuerte y dientes afilados para atrapar y comer otros animales.

Los animales ven y oyen

¿Cómo sabes cuál es el camino desde tu casa hasta la escuela? Ves por dónde vas. Oyes lo que pasa a tu alrededor. Los animales también ven y oyen. ¡Algunos animales ven y oyen mucho mejor que las personas!

¡Los camaleones pueden mover los ojos por separado! Pueden ver en todas las direcciones a su alrededor. No puedes ver las orejas de un camaleón y él no oye muy bien.

El cangrejo verde fantasma puede ver todo a su alrededor, pero no tan claramente como tú. Los cangrejos no tienen oídos. Sienten el sonido a través de los pequeños pelitos que tienen en el cuerpo.

ESTÁNDARES DE CIENCIAS DE LA PRÓXIMA GENERACIÓN | IDEAS DISCIPLINARIAS BÁSICAS
LS1.A: Estructura y función
Todos los organismos tienen partes externas. Los distintos animales usan las partes del cuerpo de diferentes maneras para ver, oír, agarrar objetos, protegerse, ir de un lugar a otro, y buscar, hallar y obtener alimento, agua y aire. Las plantas también tienen diferentes partes (raíces, tallos, hojas, flores y frutos) que las ayudan a sobrevivir y crecer. (1-LS1-1)

Los lémures de cola anillada tienen ojos y orejas grandes. Pueden ver y oír muy bien.

¡Resúmelo!

1. ¿Qué partes del cuerpo permiten que estos animales vean y oigan?

2. ¿Todos los animales ven y oyen de la misma manera? Explica.

3. ¿Para qué usas los ojos y los oídos? ¿Por qué los animales necesitan ver y oír?

Mi cuaderno de ciencias

Los animales agarran

¿Podrías pasar un día entero con las manos en los bolsillos? ¡Sería difícil! Necesitas las manos para agarrar las cosas. Muchos animales no tienen manos como las tuyas. Pero pueden **agarrar** cosas. Usan otras partes del cuerpo para agarrar los objetos.

Las aves agarran cosas con sus patas y sus picos. Pueden aferrarse a las ramas con fuerza. Los dedos de esta águila calva tienen garras afiladas.

Los elefantes africanos pueden agarrar cosas con la trompa. Toman el alimento para llevárselo a la boca.

ESTÁNDARES DE CIENCIAS DE LA PRÓXIMA GENERACIÓN | IDEAS DISCIPLINARIAS BÁSICAS
LS1.A: Estructura y función
Todos los organismos tienen partes externas. Los distintos animales usan las partes del cuerpo de diferentes maneras para ver, oír, agarrar objetos, protegerse, ir de un lugar a otro, y buscar, hallar y obtener alimento, agua y aire. Las plantas también tienen diferentes partes (raíces, tallos, hojas, flores y frutos) que las ayudan a sobrevivir y crecer. (1-LS1-1)

¡Resúmelo!

1. ¿Qué partes del cuerpo pueden usar los animales para agarrar objetos?

2. ¿Por qué los animales agarran objetos?

Mi cuaderno de ciencias

El hipocampo puede agarrar cosas con la cola. Se aferra a las plantas o rocas para evitar ir a la deriva en el agua en movimiento.

Los animales se protegen

Muchos animales se comen a otros animales. Muchos animales necesitan **protegerse** para evitar que se los coman. También necesitan protegerse del mal estado del tiempo. Los animales usan las partes del cuerpo para protegerse.

La salamanquesa cola de hoja tiene apariencia de hojas secas y tierra. Su color la protege de otros animales. ¿Cuántas salamanquesas ves?

ESTÁNDARES DE CIENCIAS DE LA PRÓXIMA GENERACIÓN | IDEAS DISCIPLINARIAS BÁSICAS
LS1.A: Estructura y función
Todos los organismos tienen partes externas. Los distintos animales usan las partes del cuerpo de diferentes maneras para ver, oír, agarrar objetos, protegerse, ir de un lugar a otro, y buscar, hallar y obtener alimento, agua y aire. Las plantas también tienen diferentes partes (raíces, tallos, hojas, flores y frutos) que las ayudan a sobrevivir y crecer. (1-LS1-1)

Las púas filosas del puercoespín del cabo lo protegen de otros animales. Con un solo pinchazo logra que los otros animales lo dejen tranquilo.

El caparazón duro de la tortuga de caja de la Florida protege las partes de su cuerpo más blandas. Puede meter la cabeza y las patas dentro del caparazón.

¡Resúmelo!

1. ¿Por qué muchos animales necesitan protegerse?

2. La salamanquesa cola de hoja se confunde con su entorno. ¿Dónde es probable que viva?

3. ¿Cómo es probable que luzca una salamanquesa que vive en lo alto de un árbol?

Mi cuaderno de ciencias

Los animales se mueven

Los animales necesitan moverse en su medio ambiente para sobrevivir. Tú usas las piernas y los pies para ir de un lugar a otro. Al igual que tú, algunos animales caminan y corren. Otros vuelan o nadan. Los animales usan las partes del cuerpo para moverse.

Las serpientes reptan. La serpiente crótalo cornudo se tuerce de un lado a otro. Usa sus músculos para impulsarse y avanzar.

La mariposa del algodoncillo usa las alas para volar.

ESTÁNDARES DE CIENCIAS DE LA PRÓXIMA GENERACIÓN | IDEAS DISCIPLINARIAS BÁSICAS
LS1.A: Estructura y función
Todos los organismos tienen partes externas. Los distintos animales usan las partes del cuerpo de diferentes maneras para ver, oír, agarrar objetos, protegerse, ir de un lugar a otro, y buscar, hallar y obtener alimento, agua y aire. Las plantas también tienen diferentes partes (raíces, tallos, hojas, flores y frutos) que las ayudan a sobrevivir y crecer. (1-LS1-1)

Un pulpo puede moverse de dos maneras. Puede usar las piernas para reptar y también puede empujar el agua lejos de su cuerpo para avanzar.

¡Resúmelo!

1. Nombra algunas partes del cuerpo que los animales usan para moverse.

2. ¿Por qué los animales necesitan moverse?

Mi cuaderno de ciencias

Los animales encuentran lo que necesitan

Cuando tienes hambre, vas a la cocina a buscar un refrigerio. Los animales también deben buscar el alimento que necesitan. Los animales usan las partes del cuerpo para buscar y encontrar su alimento. Los animales que se muestran aquí se alimentan de otros animales.

El armadillo de nueve bandas usa sus garras para excavar. Busca insectos para comer.

El halcón de Harris toma a su presa con sus garras largas y afiladas. Las garras se llaman zarpas.

ESTÁNDARES DE CIENCIAS DE LA PRÓXIMA GENERACIÓN | IDEAS DISCIPLINARIAS BÁSICAS
LS1.A: Estructura y función
Todos los organismos tienen partes externas. Los distintos animales usan las partes del cuerpo de diferentes maneras para ver, oír, agarrar objetos, protegerse, ir de un lugar a otro, y buscar, hallar y obtener alimento, agua y aire. Las plantas también tienen diferentes partes (raíces, tallos, hojas, flores y frutos) que las ayudan a sobrevivir y crecer. (1-LS1-1)

Las patas del coyote están bien acolchadas. Caza en silencio para no ahuyentar a su presa.

¡Resúmelo!

1. ¿Cómo se diferencian las maneras en que un armadillo y un coyote usan sus patas?

2. ¿Cuál de estos animales caza a otros animales para alimentarse?

Mi cuaderno de ciencias

Los animales obtienen alimento, agua y aire

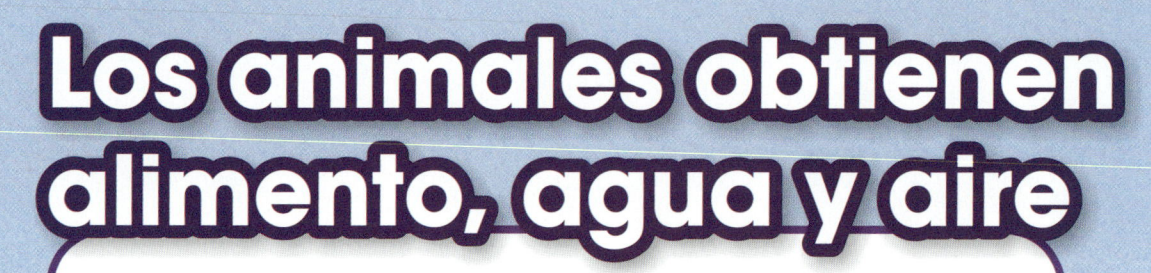

Los animales necesitan alimento, agua y aire. Los animales que se muestran aquí respiran aire por la nariz y la boca para que llegue a los pulmones. Comen y beben agua por la boca.

Muchos animales de la sabana comen hierbas. Sus dientes planos les ayudan a moler las hierbas. Algunos animales de la sabana se alimentan de otros animales. Tienen dientes filosos para cazar y comer carne.

Los animales se reúnen en lugares donde hay agua.

ESTÁNDARES DE CIENCIAS DE LA PRÓXIMA GENERACIÓN | IDEAS DISCIPLINARIAS BÁSICAS
LS1.A: Estructura y función
Todos los organismos tienen partes externas. Los distintos animales usan las partes del cuerpo de diferentes maneras para ver, oír, agarrar objetos, protegerse, ir de un lugar a otro, y buscar, hallar y obtener alimento, agua y aire. Las plantas también tienen diferentes partes (raíces, tallos, hojas, flores y frutos) que las ayudan a sobrevivir y crecer. (1-LS1-1)

Los filosos dientes del león desgarran carne.

Los dientes planos del elefante trituran y muelen las plantas.

¡Resúmelo!

1. Enumera tres maneras en que los animales usan la boca.

2. ¿En qué se diferencian los dientes de un elefante y los dientes de un león?

Mi cuaderno de ciencias

77

Los sentidos de los animales

¡El venado cola blanca está alerta! Ve, oye y huele una amenaza. Cuando el venado siente que hay peligro, mueve rápidamente la cola. Así, les avisa a los otros venados que estén en guardia. La mayoría de las veces, el venado escapará a toda velocidad.

A veces, el venado se queda muy quieto. Eso hace que sea muy difícil verlo. El venado esperará hasta que pase el peligro para volver a moverse.

Estos venados se quedan muy quietos mientras escuchan para saber si el peligro está cerca.

ESTÁNDARES DE CIENCIAS DE LA PRÓXIMA GENERACIÓN | IDEAS DISCIPLINARIAS BÁSICAS
LS1.D: Procesamiento de información
Los animales tienen partes del cuerpo que captan y transmiten diferentes tipos de información necesaria para el crecimiento y la supervivencia. Los animales responden a estas señales con comportamientos que los ayudan a sobrevivir. Las plantas también responden a algunas señales externas. (1-LS1-1)

El venado cola blanca usa la cola para comunicarse. Un movimiento rápido significa: "¡El peligro está cerca!".

¡Resúmelo!

1. ¿Qué partes del cuerpo usa el venado para sentir qué pasa a su alrededor?

2. ¿Cómo le da información un venado a los otros venados?

3. ¿Cómo responde el venado al peligro y cómo eso le ayuda a sobrevivir?

Mi cuaderno de ciencias

NATIONAL GEOGRAPHIC LEARNING | **Piensa como un ingeniero**
Estudio de caso

Un tren mejor

Problema

Este es el tren más rápido del mundo. Cuando el tren salía de un túnel, hacía un ruido alarmante. A las personas no les gustaba el ruido. Eiji Nakatsu es el diseñador del tren. Él quería que el tren fuera más silencioso. Se preguntó si algo en la naturaleza podría ayudarlo a resolver este problema.

Eiji Nakatsu es ingeniero. Trabaja con un equipo. El equipo usa las ciencias para resolver problemas cotidianos.

Este tren bala en Japón puede viajar a más de 320 kilómetros (200 millas) por hora.

NATIONAL GEOGRAPHIC LEARNING | **Piensa como un ingeniero**
Estudio de caso (continuación)

Solución

A Eiji Nakatsu le gusta observar a las aves. Observó al martín pescador. El martín pescador puede zambullirse en el agua casi sin salpicar. Nakatsu diseñó la parte frontal del tren para que se pareciera al pico de un martín pescador. Ahora el tren es más silencioso. También es más rápido y usa menos energía.

Martín pescador

Tren bala

Compara la forma del tren con la cabeza y el pico del martín pescador.

Un martín pescador se zambulle en el agua.

¡Resúmelo!

1. Un ave que se lanza al agua puede salpicar. ¿Qué puede causar un tren que sale de un túnel hacia al aire libre?

2. ¿Cómo usó el Sr. Nakatsu sus observaciones acerca del martín pescador para resolver el problema del ruido del tren?

Mi cuaderno de ciencias

NATIONAL GEOGRAPHIC LEARNING | **Piensa como un ingeniero**

Diseñar una solución

Los animales usan las partes del cuerpo para protegerse. Las personas también necesitan protegerse. Al igual que Eiji Nakatsu, puedes encontrar una solución en la naturaleza.

1 Define un problema.

¿Cómo puedes diseñar una manera de protegerte del peligro?

2 Diseña una solución.

Mi cuaderno de ciencias

Piensa en una manera en que los animales se protegen. Piensa en cómo puedes protegerte de una manera parecida. Haz un dibujo de tu prototipo en tu cuaderno de ciencias. Explica qué hará tu prototipo. Reúne los materiales que necesitarás. Haz tu prototipo.

La tortuga puede meter su cabeza y sus piernas dentro de su duro caparazón.

ESTÁNDARES DE CIENCIAS DE LA PRÓXIMA GENERACIÓN | EXPECTATIVA DE DESEMPEÑO
1-LS1.1. Usar materiales para diseñar una solución a un problema de los seres humanos al imitar cómo las plantas y/o los animales usan sus partes externas para sobrevivir, crecer y satisfacer sus necesidades.

3 **Prueba y perfecciona tu solución.**

Prueba tu prototipo. ¿Brindó protección de la misma manera en que lo hacen las partes del cuerpo de un animal? Si no lo hizo, modifícalo. Dibuja tu nuevo diseño. Explica tus cambios.

4 **Comparte tu solución.**

Muestra tu prototipo a los demás. Describe cómo funciona tu modelo. Explica en qué se parece a las partes del cuerpo que usa un animal para protegerse.

Óyeme

¿Qué pasa cuando un bebé llora? Los padres del bebé corren a ver qué necesita el bebé. Los animales bebé también lloran. Hacen ruidos que les avisan a sus padres que necesitan algo. Algunas crías de animales necesitan la ayuda de sus padres para sobrevivir.

Las crías de oso pardo americano hacen sonidos para obtener la atención de su madre. Tal vez quieran comer. Quizá también quieran jugar.

Los cachorros de león lloran para alimentarse con la leche de su madre. Cuando crezcan, la madre calmará ese llanto con la carne de una cacería.

ESTÁNDARES DE CIENCIAS DE LA PRÓXIMA GENERACIÓN | IDEAS DISCIPLINARIAS BÁSICAS
LS1.B: Crecimiento y desarrollo de los organismos
Las plantas y los animales en edad adulta pueden reproducirse. En muchas clases de animales, los padres y las crías adoptan comportamientos que ayudan a las crías a sobrevivir. (1-LS1-2)

Las crías de ave pían fuertemente. Llaman a su madre, ampelis americano, para que las alimente.

¡Resúmelo!

1. ¿Por qué las crías que se muestran aquí hacen ruido?

2. ¿Cómo responden los animales adultos para ayudar a sus crías a sobrevivir?

Mi cuaderno de ciencias

Dame calor

Muchas crías de animales necesitan ayuda para mantenerse calientes. Muchas aves se sientan en sus nidos para dar calor a sus polluelos.

El pingüino emperador no construye nidos. Las crías del pingüino emperador se apiñan. Algunos de los padres están lejos buscando alimento. Las crías se ayudan para mantenerse calientes.

ESTÁNDARES DE CIENCIAS DE LA PRÓXIMA GENERACIÓN | IDEAS DISCIPLINARIAS BÁSICAS
LS1.B: Crecimiento y desarrollo de los organismos
Las plantas y los animales en edad adulta pueden reproducirse. En muchas clases de animales, los padres y las crías adoptan comportamientos que ayudan a las crías a sobrevivir. (1-LS1-2)

¡Resúmelo!

1. ¿Por qué algunos animales adultos les dan calor a sus crías?

2. ¿Cómo se mantienen calientes algunas crías sin la ayuda de sus padres?

Mi cuaderno de ciencias

Llévame

Los animales se mueven de un lugar a otro. Se mueven para buscar alimento. Se mueven para buscar refugio. Las crías de animales no pueden moverse tan rápido como los adultos. Algunos padres sostienen a sus bebés. En otros casos, ¡los bebés se sostienen por sí solos!

Las crías de zarigüeya de América del Norte se aferran al pelaje de su madre y salen a pasear.

ESTÁNDARES DE CIENCIAS DE LA PRÓXIMA GENERACIÓN | IDEAS DISCIPLINARIAS BÁSICAS
LS1.B: Crecimiento y desarrollo de los organismos
Las plantas y los animales en edad adulta pueden reproducirse. En muchas clases de animales, los padres y las crías adoptan comportamientos que ayudan a las crías a sobrevivir. (1-LS1-2)

¡Resúmelo!

1. ¿Qué hacen las crías de zarigüeya para ayudar a que su madre las lleve?

2. ¿Por qué un animal madre llevaría a sus crías a otro lugar?

Mi cuaderno de ciencias

Protégeme

El Ártico puede ser un lugar peligroso para un oso polar bebé. Las crías son pequeñas. Otros animales las cazan como alimento. Las mamás oso polar protegen a sus crías del frío y de otros animales.

No todos los animales adultos protegen a sus crías. Las tortugas marinas bebé salen del cascarón en las playas. Nunca ven a sus madres.

Las crías de oso polar se quedan con sus madres por más de dos años. Luego, pueden vivir por sí solas.

ESTÁNDARES DE CIENCIAS DE LA PRÓXIMA GENERACIÓN | IDEAS DISCIPLINARIAS BÁSICAS
LS1.B: Crecimiento y desarrollo de los organismos
Las plantas y los animales en edad adulta pueden reproducirse. En muchas clases de animales, los padres y las crías adoptan comportamientos que ayudan a las crías a sobrevivir. (1-LS1-2)

Las tortugas marinas bebé se apresuran para llegar al océano apenas salen del cascarón. Están más seguras en el agua.

¡Resúmelo!

1. ¿Todos los animales cuidan a sus crías? Explica tu respuesta.

2. Hace mucho frío en el Ártico. ¿Cómo puede proteger esta mamá oso a su cría?

Mi cuaderno de ciencias

Una mirada más
Maestras suricatas

¿Qué sabías cuando naciste? Tuviste que aprender muchas cosas. Al nacer, algunos animales ya saben lo suficiente para sobrevivir. Otras crías de animales deben aprender a sobrevivir.

Una suricata adulta le enseña a una cría cómo fijarse si hay peligro.

ESTÁNDARES DE CIENCIAS DE LA PRÓXIMA GENERACIÓN | IDEAS DISCIPLINARIAS BÁSICAS
LS1.B: Crecimiento y desarrollo de los organismos
Las plantas y los animales en edad adulta pueden reproducirse. En muchas clases de animales, los padres y las crías adoptan comportamientos que ayudan a las crías a sobrevivir. (1-LS1-2)

Las crías de suricatas deben aprender a buscar alimento. No saben cómo hacerlo hasta que un adulto les enseña.

Comparte y compara

- Piensa en las cosas que hacen los animales para sobrevivir. Haz un dibujo de los animales haciendo una de esas cosas. Dibuja a un animal adulto y a su cría.

- Comparte tu dibujo con los demás. ¿Qué está haciendo el animal adulto? ¿Qué está haciendo la cría? ¿De qué manera sus comportamientos los ayudan a sobrevivir?

NATIONAL GEOGRAPHIC LEARNING | **Piensa como un científico**

Buscar patrones

Muchos animales adultos ayudan a sus crías a sobrevivir. Muchas crías necesitan alimento y protección. Quizá también necesiten ayuda para ir de un lugar a otro.

Observa las fotografías. Piensa en cómo cada una de ellas muestra cómo los adultos ayudan a sus crías a sobrevivir.

Serretas

ESTÁNDARES DE CIENCIAS DE LA PRÓXIMA GENERACIÓN | EXPECTATIVA DE DESEMPEÑO
1-LS1-2. Leer textos y usar los medios de comunicación para determinar los patrones de comportamiento de los animales adultos y las crías que ayudan a las crías a sobrevivir.

Leopardos

Osos polares

Petreles gigantes

¡Resúmelo!

1. Cuenta qué sucede en cada fotografía.

2. ¿Cómo trabajan en conjunto los animales adultos y las crías para ayudar a las crías a sobrevivir?

Mi cuaderno de ciencias

Las crías de animales se parecen a sus padres

Los bebés de los seres humanos son muy diferentes a las personas adultas. Son más pequeños. La forma de sus cuerpos es distinta. Tienen menos cabello. Algunos animales adultos y las crías se ven casi iguales. La mamá jirafa y su cría se parecen mucho. Sin embargo, no son exactamente iguales.

La cría de jirafa Masai será del tamaño de su madre después de cinco a siete años.

¡Resúmelo!

1. ¿En qué se parecen la mamá jirafa y la cría?
2. ¿En qué se diferencian la mamá jirafa y la cría?

Mi cuaderno de ciencias

ESTÁNDARES DE CIENCIAS DE LA PRÓXIMA GENERACIÓN | IDEAS DISCIPLINARIAS BÁSICAS
LS3.A: Herencia de características
Las crías de los animales se parecen mucho, pero no son exactamente iguales a sus padres. Las plantas también se parecen mucho, pero no son exactamente iguales a las plantas madre. (1-LS3-1)

99

Perros diferentes

Te das cuenta de que todos estos animales son perros. ¡Pero fíjate cuán diferentes son! Tienen diferentes formas, tamaños y colores. También actúan de maneras distintas. Algunos son tranquilos. Otros son muy juguetones. Otros son serios y son buenos perros guardianes.

Este perro pequeño tiene mucho pelaje.

Este perro más grande tiene pelo corto.

ESTÁNDARES DE CIENCIAS DE LA PRÓXIMA GENERACIÓN | IDEAS DISCIPLINARIAS BÁSICAS
LS3.B: Variación de características
Los individuos de la misma clase de planta o animal se reconocen como semejantes, pero también pueden variar de muchas maneras. (1-LS3-1)

¡Resúmelo!

1. ¿Qué tienen en común todos los perros?

2. ¿En qué se diferencian estos perros?

Mi cuaderno de ciencias

Una mirada más

¿En qué se parecen y en qué se diferencian los animales?

Una mamá jirafa y su cría se parecen mucho. Otras crías de animales son diferentes de sus padres. Su tamaño es una diferencia. También puedes ver otras diferencias.

Todos estos pollitos tienen la misma madre. ¿En qué se diferencian? ¿En qué se parecen?

ESTÁNDARES DE CIENCIAS DE LA PRÓXIMA GENERACIÓN | IDEAS DISCIPLINARIAS BÁSICAS
LS3.A: Herencia de características
Las crías de los animales se parecen mucho, pero no son exactamente iguales a sus padres. Las plantas también se parecen mucho, pero no son exactamente iguales a las plantas madre. (1-LS3-1)

LS3.B: Variación de características
Los individuos de la misma clase de planta o animal se reconocen como semejantes, pero también pueden variar de muchas maneras. (1-LS3-1)

Una foca arpa madre y su cría

Un venado cola blanca y su cervatillo

Comparte y compara

- Observa a los animales de las fotografías. ¿En qué se parecen los adultos y las crías? ¿En qué se diferencian los adultos de las crías?

- Haz una tabla. Indica en qué se parecen y en qué se diferencian los animales adultos y las crías.

- Comparte tus observaciones con tu grupo. ¿Qué observaron los demás?

NATIONAL GEOGRAPHIC LEARNING | **Piensa como un científico**

Hacer observaciones

Puedes hacer observaciones para ver en qué se parecen y en qué se diferencian los seres vivos. ¿En qué se parecen y en qué se diferencian las crías y sus padres?

1 Planifica una investigación.

Mi cuaderno de ciencias

Observa muchas fotografías de animales adultos y crías. Elige cuatro tipos de animales. Haz una tabla como esta.

Comparar los animales y sus crías		
Nombre del animal	**Parecidos**	**Diferentes**

2 Haz la investigación.

Escribe el nombre de un animal en tu tabla. Anota en qué se parecen el adulto y la cría. Anota una diferencia. Repite esto con los otros tres animales que elegiste.

ESTÁNDARES DE CIENCIAS DE LA PRÓXIMA GENERACIÓN | EXPECTATIVA DE DESEMPEÑO
1-LS3-1. Hacer observaciones para desarrollar un informe basado en la evidencia que sostenga que las plantas jóvenes y los animales se parecen, pero no son exactamente iguales, a las plantas madre y a los animales adultos.

3 Revisa tus resultados.

Observa tu tabla. ¿Hay algo en que todas las crías se parezcan a sus padres? ¿Hay algo en que todas las crías se diferencien de sus padres?

4 Comparte tus resultados.

Comparte tu tabla con la clase. Explica los resultados de tu investigación.

Estos son jabalíes. Las crías se parecen a su madre, pero no son iguales a ella.

Carrera en ciencias

Conservacionista

Conservar algo significa guardarlo o protegerlo. Un conservacionista protege la vida silvestre. Beverly y Dereck Joubert son conservacionistas.

Los Joubert exploran África. Hacen investigaciones y películas. Así comparten lo que aprenden con los demás. Esperan que otras personas también quieran proteger la naturaleza.

ESTÁNDARES DE CIENCIAS DE LA PRÓXIMA GENERACIÓN | CONEXIONES CON LA NATURALEZA DE LAS CIENCIAS
Las investigaciones científicas usan una variedad de métodos
En las ciencias, se usan diferentes maneras para estudiar el mundo.

NATIONAL GEOGRAPHIC | **Exploradores**

Los Jouberts han hecho más de 25 películas. Siguen a los animales día y noche para poder filmarlos cuando cazan y comen.

Ciencias de la Tierra

Sistemas del espacio: Patrones y ciclos

Desde la Tierra, puedes ver que la Luna parece moverse por el cielo.

El Sol

¿Dónde has visto **estrellas?** Las estrellas pueden verse en el cielo nocturno. El **Sol** es una estrella. Puede verse durante el día.

Como todas las estrellas, el Sol emite luz y calor. Nunca debes mirar directamente al Sol. Su luz brillante puede dañarte los ojos.

Esta fotografía del Sol se tomó con una cámara especial. El Sol parece una bola de fuego gigante.

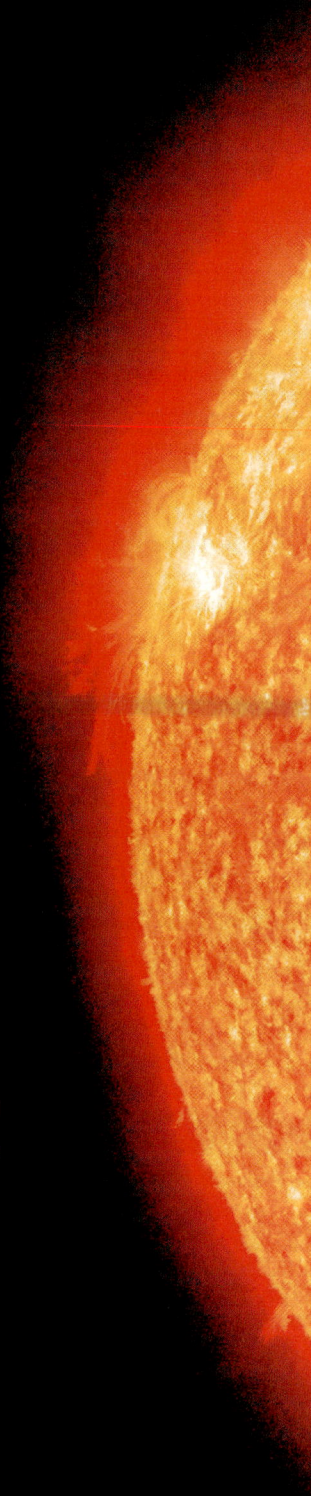

¡Resúmelo!

1. ¿Qué es el Sol?
2. Describe el Sol.

Día y noche

El día es claro. La noche es oscura. El día y la noche ocurren una y otra vez. Forman un **patrón.**

La luz del día proviene del Sol. El Sol parece levantarse por la mañana. El cielo se ilumina. El Sol parece moverse por el cielo durante el día. Luego, el Sol parece ocultarse por la noche. El cielo se oscurece.

Durante el día, el cielo está iluminado.

De noche, el cielo se ve oscuro.

¡Resúmelo!

1. ¿Qué es un patrón?

2. Describe cómo forman un patrón el día y la noche.

Mi cuaderno de ciencias

El Sol en el cielo

Por la mañana, el Sol parece estar bajo y hacia la parte este del cielo. Al mediodía, parece estar más alto en el cielo. Ya más tarde, el Sol parece estar bajo en el cielo de nuevo. Lo ves si miras hacia el oeste.

ESTÁNDARES DE CIENCIAS DE LA PRÓXIMA GENERACIÓN | IDEAS DISCIPLINARIAS BÁSICAS
ESS1.A: El universo y sus estrellas
Es posible observar, describir y predecir los patrones de movimiento del Sol, la Luna y las estrellas en el cielo. (1-ESS1-1)

Por la mañana, el Sol parece estar en la parte baja del cielo.

El Sol parece moverse en una trayectoria con forma de arco. Está en su punto más alto al mediodía.

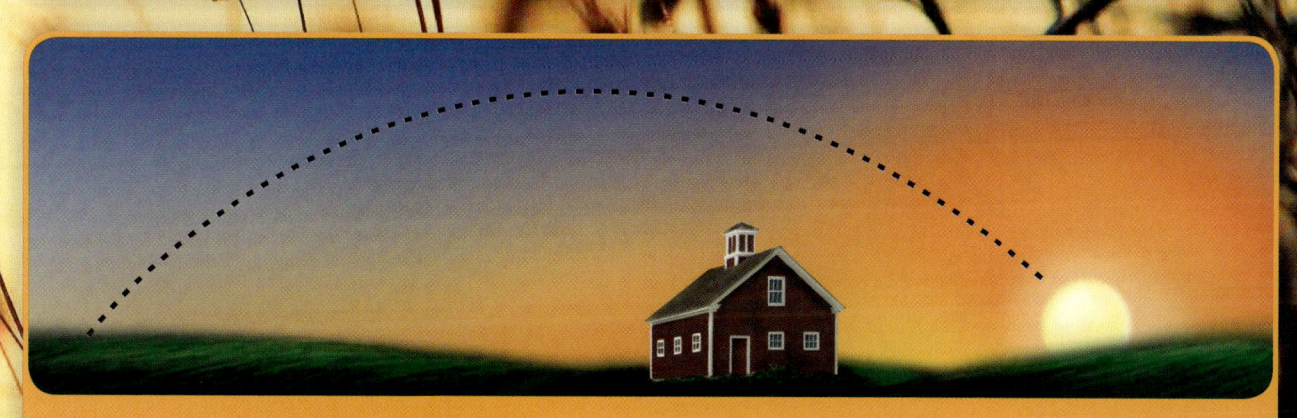

Ya por la tarde, el Sol parece estar en la parte baja del cielo de nuevo.

¡Resúmelo!

1. Describe el patrón del Sol en el cielo.

2. ¿Qué puedes predecir acerca del Sol mañana por la mañana? ¿Y a la mañana siguiente?

Mi cuaderno de ciencias

Investigación

El Sol

? **¿Qué puedes observar sobre la posición del Sol?**

El Sol parece moverse por el cielo.
Puedes observar ese patrón.
Y también puedes describirlo.

Materiales

crayones   papel

ESTÁNDARES DE CIENCIAS DE LA PRÓXIMA GENERACIÓN | EXPECTATIVA DE DESEMPEÑO
1-ESS1-1. Usar observaciones del Sol, la Luna y las estrellas para describir patrones que pueden predecirse.

1 Observa el cielo por la mañana. ¿Dónde está el Sol? Dibuja lo que ves.

2 Observa el cielo dos horas después. ¿Dónde está el Sol? Dibuja lo que ves.

3 Predice dónde estará el Sol en dos horas más. Predice dónde estará el Sol dentro de cuatro horas y dentro de seis horas. Dibuja tus predicciones.

4 Observa el cielo cada dos horas. ¿Dónde está el Sol? Dibuja lo que ves.

¡Resúmelo!

1. ¿Qué observaste sobre el Sol en la mañana y al mediodía?

2. ¿Tu predicción coincidió con lo que viste por la tarde? Explica.

3. Usa el patrón que viste para predecir cómo se moverá el Sol mañana.

La Luna

A menudo, puedes ver la **Luna** en el cielo. A veces, puedes ver la Luna por la noche. Otras veces, también puedes ver la Luna durante el día.

La Luna no es como el Sol. No es una estrella. No emite su propia luz. Refleja la luz del Sol.

Muchas veces, también puedes ver la Luna durante el día. Tienes que mirar con más atención para encontrarla. No es tan brillante como el Sol.

ESTÁNDARES DE CIENCIAS DE LA PRÓXIMA GENERACIÓN | IDEAS DISCIPLINARIAS BÁSICAS
ESS1.A: El universo y sus estrellas
Es posible observar, describir y predecir los patrones de movimiento del Sol, la Luna y las estrellas en el cielo.
(1-ESS1-1)

La mayoría de las noches puedes ver la Luna. Es fácil ver la Luna en el cielo oscuro.

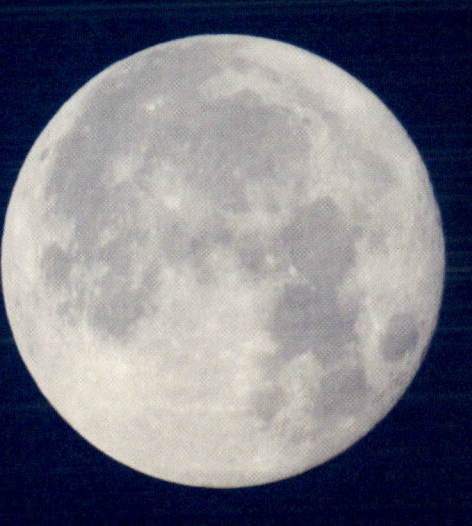

¡Resúmelo!

1. ¿Cuándo puedes ver la Luna?

2. ¿Cuándo es más fácil ver la Luna? ¿Por qué?

Mi cuaderno de ciencias

La Luna en el cielo

La Luna no está siempre en el mismo lugar. Al principio, aparece en la parte baja del cielo. Primero la ves hacia el este. Luego, parece estar alta en el cielo. Más tarde, está más abajo en el cielo de nuevo. Esta vez, está hacia el oeste.

ESTÁNDARES DE CIENCIAS DE LA PRÓXIMA GENERACIÓN | IDEAS DISCIPLINARIAS BÁSICAS
ESS1.A: El universo y sus estrellas
Es posible observar, describir y predecir los patrones de movimiento del Sol, la Luna y las estrellas en el cielo. (1-ESS1-1)

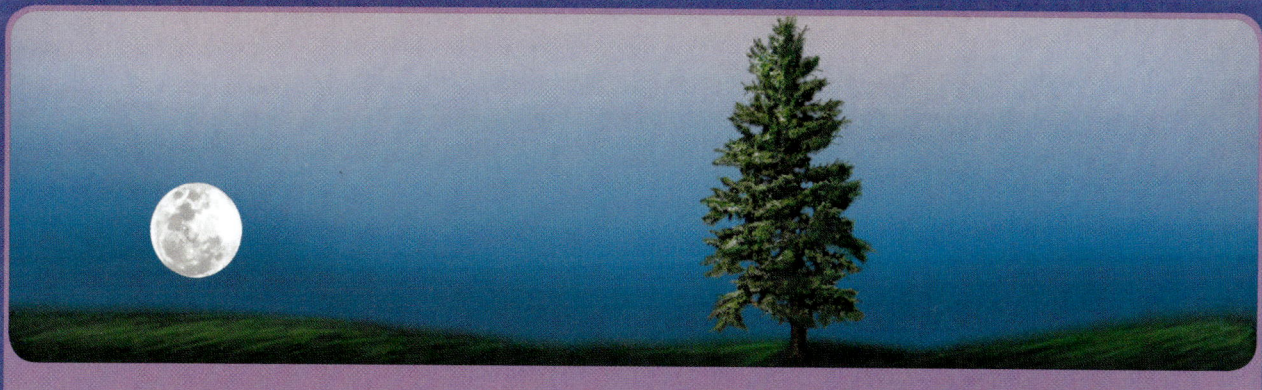

Al principio, la Luna parece estar en la parte baja del cielo.

La Luna parece moverse en una trayectoria con forma de arco por el cielo.

Más tarde, la Luna parece estar en la parte baja del cielo de nuevo.

¡Resúmelo!

1. Describe el patrón del movimiento de la Luna por el cielo.

2. ¿Qué puedes predecir sobre la Luna cada vez que la ves?

Mi cuaderno de ciencias

Investigación

La Luna

? ¿Qué puedes observar sobre la posición de la Luna?

La Luna parece moverse por el cielo. Puedes observar la Luna. Puedes describir su patrón de movimiento.

Materiales

crayones

papel

ESTÁNDARES DE CIENCIAS DE LA PRÓXIMA GENERACIÓN | EXPECTATIVA DE DESEMPEÑO
1-ESS1-1. Usar observaciones del Sol, la Luna y las estrellas para describir patrones que pueden predecirse.

1 Observa el cielo. ¿Dónde está la Luna? Dibuja lo que ves.

2 Observa el cielo una hora después. ¿Dónde está la Luna? Dibuja lo que ves.

3 Predice dónde estará la Luna dentro de una, dos y tres horas. Dibuja tus predicciones.

4 Observa el cielo cada hora durante tres horas. Busca la Luna en el cielo. Dibuja lo que ves.

¡Resúmelo!

1. Describe dónde viste la Luna primero.
2. Usa tus dibujos. Describe cómo parecía moverse la Luna.
3. Predice cómo parecerá moverse la Luna mañana.

Las estrellas

El cielo está lleno de estrellas. Puedes verlas en las noches despejadas. Parecen puntos de luz diminutos. Algunas son opacas. Otras son más brillantes.

Cada estrella es como el Sol. Emite su propia luz y calor. Las estrellas que ves por la noche están muy lejos. Por eso, se ven pequeñas.

ESTÁNDARES DE CIENCIAS DE LA PRÓXIMA GENERACIÓN | IDEAS DISCIPLINARIAS BÁSICAS
ESS1.A: El universo y sus estrellas
Es posible observar, describir y predecir los patrones de movimiento del Sol, la Luna y las estrellas en el cielo.
(1-ESS1-1)

Las estrellas siempre están en el cielo. No puedes verlas durante el día. El Sol hace que el cielo esté muy brillante como para que se vean las estrellas.

Las estrellas siempre están brillando. Pero sólo puedes verlas en el cielo oscuro de la noche.

¡Resúmelo!

1. ¿Cuándo puedes observar las estrellas?

2. ¿Por qué no puedes ver las estrellas durante el día?

Mi cuaderno de ciencias

Patrones de estrellas

Las personas buscan patrones en las estrellas. A veces parece que algunas estrellas forman un grupo. Se ven más cerca entre sí en el cielo. Las personas imaginan que las estrellas se conectan para formar un patrón. Los patrones de estrellas tienen nombres. Esos patrones ayudan a las personas a recordar dónde están las estrellas en el cielo.

Estrella Polar

Este patrón de estrellas se llama Osa Mayor. Parece una taza con una agarradera larga. La Osa Mayor apunta a la Estrella Polar.

ESTÁNDARES DE CIENCIAS DE LA PRÓXIMA GENERACIÓN | IDEAS DISCIPLINARIAS BÁSICAS
ESS1.A: El universo y sus estrellas
Es posible observar, describir y predecir los patrones de movimiento del Sol, la Luna y las estrellas en el cielo.
(1-ESS1-1)

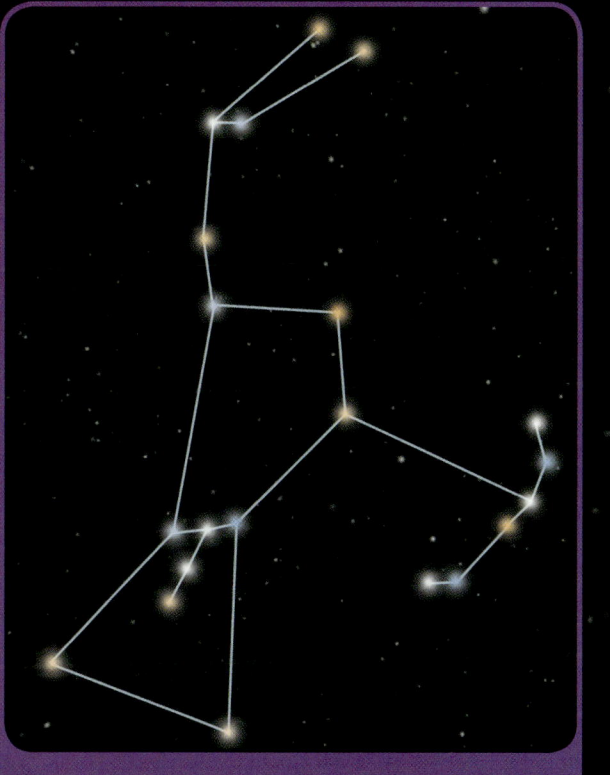

Este patrón de estrellas se llama Orión. Orión tiene la forma de un cazador con un cinturón y un escudo.

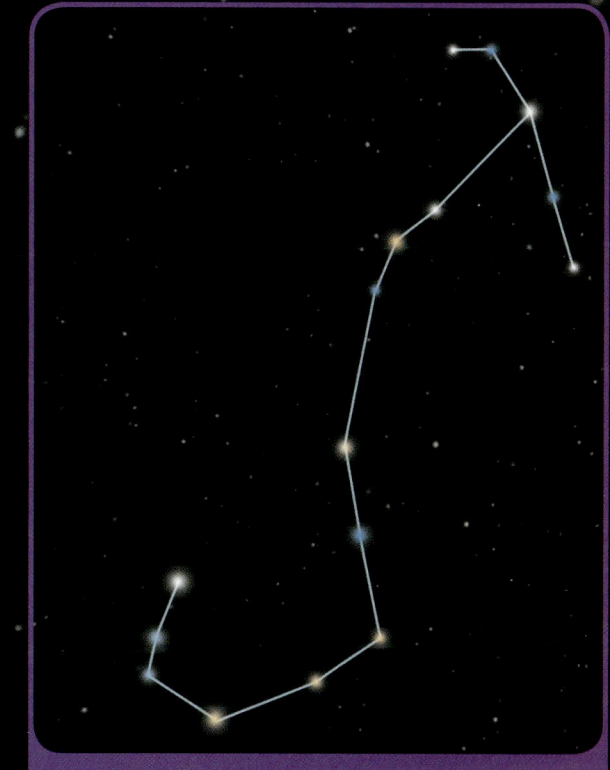

Este patrón de estrellas se llama Escorpio. Escorpio tiene la forma de un escorpión con una cola enroscada.

¡Resúmelo!

1. ¿Cómo puedes usar las estrellas para hacer un patrón?

2. ¿Cuáles son los nombres de algunos patrones de estrellas?

3. ¿Cómo usan las personas los patrones de estrellas?

Mi cuaderno de ciencias

Las estrellas en el cielo

Al igual que la Luna y el Sol, algunas estrellas parecen moverse por el cielo. Ves algunos grupos de estrellas en diferentes lugares a medida que pasa el tiempo noche tras noche.

La primera estrella en la Osa Menor es Polaris, o la Estrella Polar.

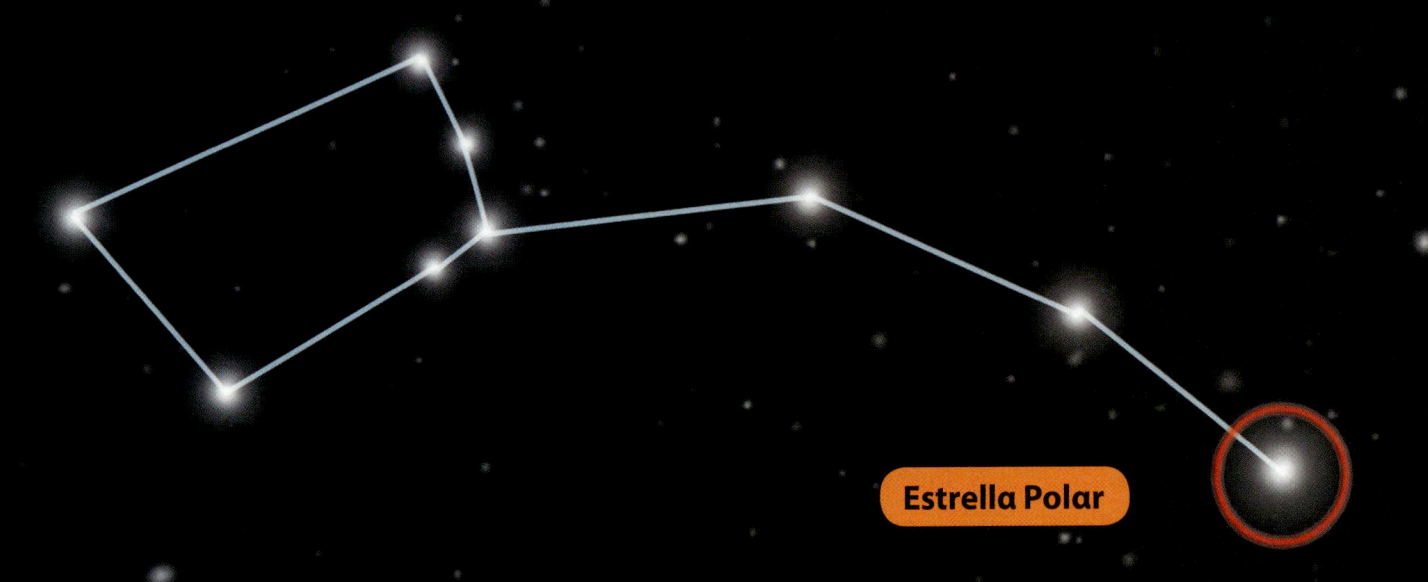

Estrella Polar

ESTÁNDARES DE CIENCIAS DE LA PRÓXIMA GENERACIÓN | IDEAS DISCIPLINARIAS BÁSICAS
ESS1.A: El universo y sus estrellas
Es posible observar, describir y predecir los patrones de movimiento del Sol, la Luna y las estrellas en el cielo. (1-ESS1-1)

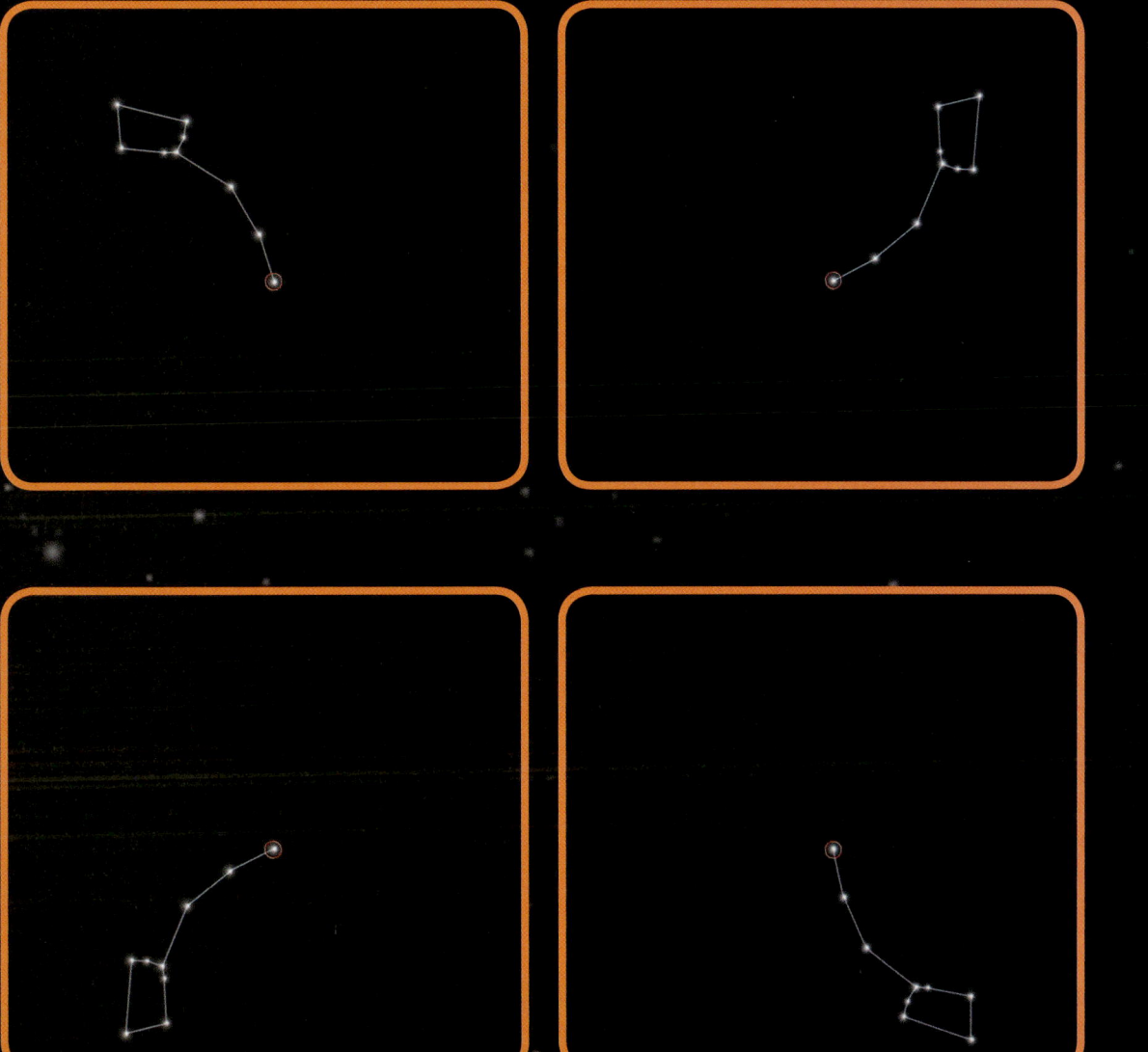

Polaris es como el centro de una rueda. La Osa Menor parece girar a su alrededor. Las ilustraciones muestran cómo la Osa Menor parece hacer este círculo cada 24 horas. Las personas no pueden ver todo el círculo, ya que las estrellas no se ven de día.

¡Resúmelo!

1. Describe la Osa Menor.

2. ¿Dónde está la Estrella Polar en la Osa Menor?

Mi cuaderno de ciencias

Patrones de movimiento

El Sol y la Luna parecen moverse por el cielo en un patrón con forma de arco. La mayoría de las estrellas parece moverse siguiendo un patrón similar.

La estrella al final de la agarradera de la Osa Mayor se llama Alkaid. En las noches en que puedes ver la Osa Mayor, también puedes observar a Alkaid. Parece moverse en una trayectoria con forma de arco por el cielo.

Las personas usan cámaras especiales para tomar fotografías del cielo estrellado.

ESTÁNDARES DE CIENCIAS DE LA PRÓXIMA GENERACIÓN | IDEAS DISCIPLINARIAS BÁSICAS
ESS1.A: El universo y sus estrellas
Es posible observar, describir y predecir los patrones de movimiento del Sol, la Luna y las estrellas en el cielo. (1-ESS1-1)

Alkaid aparece primero en la parte baja del cielo.

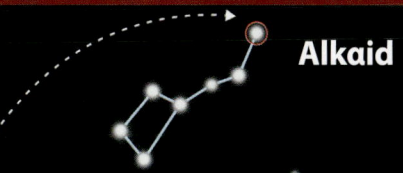

Alkaid parece moverse en una trayectoria con forma de arco por el cielo.

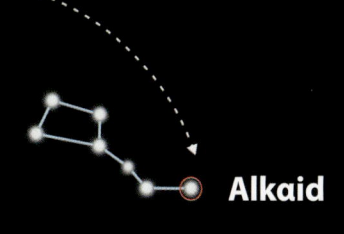

Más tarde, Alkaid parece estar en la parte baja del cielo de nuevo.

¡Resúmelo!

1. ¿Dónde está Alkaid en la Osa Mayor?

2. Describe el patrón de movimiento de Alkaid.

Investigación

El cielo nocturno

? **¿Cómo parecen moverse algunas estrellas por el cielo nocturno?**

Las estrellas parecen moverse por el cielo nocturno. Puedes predecir dónde verás los patrones de estrellas en el cielo.

Observarás un patrón de estrellas llamado Cefeo.

Materiales

cartulina

modelo del cielo nocturno

ESTÁNDARES DE CIENCIAS DE LA PRÓXIMA GENERACIÓN | EXPECTATIVA DE DESEMPEÑO
1-ESS1-1. Usar observaciones del Sol, la Luna y las estrellas para describir patrones que pueden predecirse.

1 Usa el modelo del cielo nocturno. Gira el pequeño círculo. Apunta la flecha a la *A*.

2 Busca a Cefeo. Dibújalo en tu cuaderno.

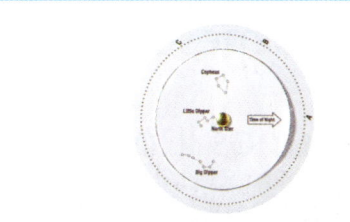

3 Apunta la flecha a la *B*. Vuelve a dibujar a Cefeo.

4 Predice cómo crees que se verá Cefeo cuando la flecha apunte a la *C*. Apunta la flecha a la *C*. Dibuja lo que ves.

¡Resúmelo!

1. ¿Tus observaciones apoyan tu predicción? Indica por qué sí o por qué no.

2. Describe cómo parece moverse Cefeo.

3. Vuelve a mirar el modelo. Gíralo de nuevo. Describe cómo parece moverse la Estrella Polar.

Las estaciones

El estado del tiempo cambia a lo largo del año. En muchos lugares, la temperatura puede ser más fría por muchos meses. Luego, es más cálida.

En algunos lugares, hay cuatro **estaciones.** Las estaciones son invierno, primavera, verano y otoño. Las estaciones siguen un patrón. Es decir, siguen el mismo orden año tras año.

Muchos árboles, como este arce, cambian con las estaciones.

ESTÁNDARES DE CIENCIAS DE LA PRÓXIMA GENERACIÓN | IDEAS DISCIPLINARIAS BÁSICAS
ESS1.B: La Tierra y el sistema solar
Es posible observar, describir y predecir los patrones de la salida del sol y la puesta del sol según cada estación. (1-ESS1-2)

El invierno es la estación más fría.

La temperatura baja durante el otoño.

La temperatura sube durante la primavera.

El verano es la estación más calurosa.

¡Resúmelo!

1. Describe el patrón de las estaciones.
2. ¿Cuántos inviernos hay en tres años?

Mi cuaderno de ciencias

La luz y las estaciones

A medida que cambian las estaciones, la cantidad de horas de luz y oscuridad también cambia. En verano, el **amanecer** ocurre más temprano y el **atardecer** se produce más tarde. En verano también hay más horas de luz. En otoño, hay menos horas de luz que en el verano. En invierno, el sol sale más tarde y se pone temprano. En invierno, hay menos horas de luz. En primavera, el número de horas de luz vuelve a aumentar.

Son las 6 p.m. en una tarde de verano. Aún hay luz.

ESTÁNDARES DE CIENCIAS DE LA PRÓXIMA GENERACIÓN | IDEAS DISCIPLINARIAS BÁSICAS
ESS1.B: La Tierra y el sistema solar
Es posible observar, describir y predecir los patrones de la salida del sol y la puesta del sol según cada estación. (1-ESS1-2)

Son las 6 p.m. en una noche de invierno. Ya está oscuro.

¡Resúmelo!

1. ¿En qué estación hay más horas de luz? ¿En cuál hay menos?

2. ¿Cuáles son las dos estaciones donde los días pueden tener casi el mismo número de horas de luz?

3. Te despiertas justo al amanecer en una mañana de primavera. ¿Qué puedes predecir sobre la salida del sol al día siguiente?

Mi cuaderno de ciencias

NATIONAL GEOGRAPHIC LEARNING | **Piensa como un científico**

Hacer observaciones

Puedes hacer observaciones para ver cómo cambia el horario del amanecer y del atardecer durante el año.

1 Haz una pregunta.

Sheena estaba en primer grado. Una mañana, se levantó a la hora habitual. Vio que recién se estaba haciendo de día. En verano, cuando se levantaba, ya era de día. Más tarde ese mismo día, se hizo de noche más temprano que en el verano. ¿Podría haber cambiado el horario del amanecer y del atardecer?

2 Haz la investigación.

Mi cuaderno de ciencias

- Piensa en lo que has aprendido. ¿Cómo cambiaría el horario del amanecer y el atardecer? Escribe o dibuja tus ideas.

- Piensa en cómo puedes reunir datos sobre la cantidad de horas de luz a lo largo del año. ¿Cómo puedes anotar tus datos?

- Haz un plan. Lleva a cabo tu plan.

ESTÁNDARES DE CIENCIAS DE LA PRÓXIMA GENERACIÓN | EXPECTATIVA DE DESEMPEÑO
1-ESS1-2. Hacer observaciones en distintos momentos del año para relacionar la cantidad de horas de luz con la época del año.

3 Analiza tus resultados.

Observa tus datos. ¿Qué muestran?

4 Explica tus resultados.

Comparte tus datos con un compañero. Explica qué muestran los datos. Indica en qué épocas del año hay más horas de luz. Indica en qué épocas hay menos. Cuenta cómo lo sabes.

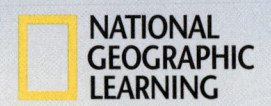

Carrera en ciencias

Astrónoma

A los 12 años, Knicole Colón ya sabía que quería estudiar astronomía. Un astrónomo es un científico. Los astrónomos estudian los objetos que están en el espacio. Estudian la Luna y el Sol. También estudian las estrellas y los planetas.

Knicole reúne información sobre las estrellas y los planetas. Para eso usa instrumentos, como los telescopios. Los telescopios la ayudan a hacer observaciones. Knicole cree que puede haber otros planetas como la Tierra. Espera que su trabajo la ayude a descubrirlos.

NATIONAL GEOGRAPHIC | **Exploradora**

Knicole Colón es astrónoma. Quiere descubrir planetas nuevos donde pueda haber seres vivos.

A Knicole le encanta visitar diferentes telescopios. Algunos están ubicados en montañas altas y en otros lugares hermosos.

Glosario

A

agarrar
Cuando agarras algo, lo recoges y lo sostienes con fuerza. (pág. 68)

amanecer
El amanecer es el momento de la mañana cuando el Sol aparece en el horizonte. (pág. 136)

atardecer
El atardecer es el momento de la noche cuando el Sol desaparece detrás del horizonte. (pág. 136)

C

ciclo de vida
Las etapas por las que pasa un ser vivo forman su ciclo de vida. (pág. 52)

claro
Un objeto claro no bloquea nada de luz. Puedes ver a través de él. (pág. 22)

comunicarse
Cuando te comunicas, pasas información de una persona a otra. (pág. 32)

La **flor** formará semillas.

E

estación
Una estación es una división del año, como invierno, primavera, verano u otoño. (pág. 134)

estrella
Una estrella es un objeto en el cielo que emite luz y calor. (pág. 110)

F

flor
La flor es la parte de una planta que produce frutos y semillas. (pág. 46)

fruto
El fruto es la parte de una planta que contiene semillas. (pág. 46)

H

hojas
Las hojas son las partes de una planta que usan la luz y el aire para fabricar alimento. (pág. 44)

L

Luna
La Luna es el satélite natural de la Tierra. (pág. 118)

luz
La luz hace posible que podamos ver. (pág. 16)

P

patrón
Un patrón es algo que se repite una y otra vez. (pág. 112)

plántula
Una planta joven que crece a partir de una semilla se llama plántula. (pág. 53)

proteger
Proteger es evitar que alguien o algo se lastime. (pág. 70)

Los camellos bloquean la luz y forman una **sombra** en la arena del desierto.

R

raíz
La raíz es la parte de una planta que absorbe agua y ayuda a sostener a la planta en su lugar. (pág. 45)

reflejar
Un objeto que refleja la luz hace que la luz rebote. (pág. 28)

responder
Responder es reaccionar a algo. (pág. 50)

S

semilla
La semilla es la parte de una planta de la cual puede crecer otra planta. (pág. 46)

sobrevivir
Sobrevivir significa mantenerse con vida. (pág. 42)

Sol
El Sol es la estrella más cercana a la Tierra. Emite luz y calor. Puede verse durante el día. (pág. 110)

sombra
Una sombra es un lugar oscuro debajo o al lado de un objeto donde se bloquea la luz. (pág. 26)

sonido
Un sonido es algo que se oye. (pág. 4)

T

tallo
El tallo es la parte de la planta que lleva agua y alimento a las hojas. Lleva el alimento de vuelta a las raíces. (pág. 45)

V

vibrar
Vibrar significa moverse rápidamente de un lado a otro. (pág. 4)

Al **atardecer**, pueden verse distintos colores en el cielo.

Índice

A

Agua
   la luz pasa a través del, 22–23
   las plantas usan, 45
   los animales necesitan, 76–77
   reflejo de la luz, 28

Agujas, 54

Aire
   las plantas usan, 44
   los animales necesitan, 76–77

Alas, 72

Alimento
   fabricado en las plantas, 44, 45
   los animales necesitan, 76–77, 96
   maneras en que los animales lo buscan, 74–75

Alkaid, 130–131

Amanecer, 136

Animales
   cómo aprenden a sobrevivir los, 94–95
   cómo se agarran los, 68–69
   comunicación entre crías y padres, 86–87
   crecimiento de los, 98–99
   crías y padres, 86–95, 96–97, 98–99, 102–105
   diferentes clases de perros, 100–101
   movimiento de los, 72–73, 90–91
   necesidades de los, 74–77, 86–89, 90–91, 96–97
   partes de los, 64–65
   protección, 70–71, 92–93
   sentidos de los, 78–79
   vista y audición, 66–67

Árboles, 54–55, 134

Armadillo, 74

Ártico, 88–89, 92–93

Astrónoma, 140–141

Atardecer, 136

Audición, 66–68, 78

Aves
   comer, 74
   cómo se agarran las, 68
   comunicación entre crías y padres, 87
   halcones, 74
   martín pescador, 82–83
   petreles gigantes, 97
   pingüinos, 40–41, 88–89
   pollitos, 102–103
   serretas, 96–97

B

Boca, 76–77

C

Caimanes, 64

Calor, 88–89

Calor
   de las estrellas, 124
   del Sol, 110

Camaleones, 66

Cangrejo, 66

Carrera en ciencias de National Geographic
   Astrónoma, 140–141
   Conservacionista, 106
   Fotógrafa, 38–39

Cefeo, 132–133

Cerezas, 46

Ciclo de vida de una planta de tomate, 52–53

Ciclo del día y la noche, 112–113

Cielo
   estrellas, 110, 124–125
   Luna, 118–119
   movimiento de la Luna, 109, 120–123, 130
   movimiento de las estrellas, 128–129, 130–133
   movimiento del Sol, 114–117, 130
   Sol, 110–111

Ciencias en un segundo
   Hacer sombras, 27
   Reflejos, 29
   Sentir las vibraciones, 5
   Usar linternas para comunicarse, 33

Colas, 64, 69, 78–79

Colón, Knicole, 140–141

Color, como protección, 70

Comparte y compara
   animales, 95
   crías de animales y padres, 103
   plantas, 59

Comunicación
   con luz, 33, 36
   con sonido, 34–35, 36
   diseñar un aparato, 36–37
   entre animales, 86–87
   entre personas, 32–33

Conservacionista, 106

Correo electrónico, 32

Corteza, 55

Coyote, 75

Crecimiento
   de animales, 98–99
   de plantas, 52–53

Cuevas, luz en las, 18–19

147

D

Destrezas de razonamiento
  analiza tus resultados, 9, 15, 31, 139
  comparte tu solución, 85
  comparte tus resultados, 9, 15, 31, 37, 62, 105
  define un problema, 84
  diseña tu aparato, 36
  diseña una solución, 84
  explica tus resultados, 139
  haz una investigación, 8, 15, 30, 60, 104, 138
  haz una pregunta, 138
  perfecciona o haz cambios a tu aparato, 37
  planifica una investigación, 8, 14, 30, 60, 104
  prueba tu aparato, 37
  prueba y perfecciona tu solución, 85
  revisa tus resultados, 62, 105

Dientes, 65, 76–77

E

Elefantes, 68, 77

Escorpio, 127

Escribir, 32

Espejos, 28–29

Estaciones
  el estado del tiempo y las, 134–135
  la luz y las, 136–137

Estado del tiempo, 134–135

Estrella Polar, 126, 128–129

Estrellas
  luz y calor de las, 124–125
  movimiento de las, 128–129, 130–133
  patrones de las, 126–127, 132–133
  Sol, 110–111

Estudio de caso de National Geographic
  Un tren mejor, 80–83

Exploradores de National Geographic, 107

F

Flores, 45–46, 53, 56

Focas arpa, 103

Fotógrafa, 38–39

Fruto, 52, 53

G

Garras, 74

Guepardos, 28

Guitarra, 4–5

H

Hablar, 32

Halcones, 74

Hipocampo, 69

Hojas
  de las plantas de repollo, 58
  de un pino ellioti, 54
  de zinnias, 57
  funciones de las, 44
  respuesta a la luz, 48–49

I

Investigaciones
  Comunicarse con sonidos, 34–35
  El cielo nocturno, 132–133
  El Sol, 116–117
  La Luna, 122–123
  Las plantas y la luz, 48–49
  Las raíces crecen, 50–51
  Luz y oscuridad, 20–21
  Sonido, 6–7
  Vibración, 12–13

Invierno
  estado del tiempo, 134–135
  horas de luz, 136–137

J

Jabalíes, 104–105

Japón, tren bala, 80–83

Jirafas, 98–99, 102

Joubert, Beverly y Dereck, 106–107

L

Lémures, 67

Leones, 77, 86

Leopardos, 97

Libélula, 26–27

Luna
  apariencia en el cielo, 118–119
  movimiento de la, 109, 120–123, 130

Luz
  bloquear parte de la, 24–25
  bloquear toda la, 26–27
  comunicarse con, 35
  de las estrellas, 124
  del Sol, 110, 136–137
  en una cueva, 18–19
  fotografías, 38–39
  las estaciones y la, 136–137
  las plantas responden a la, 48–49
  las plantas usan la, 44
  paso de la luz por materiales claros, 22–23
  reflejada en la Luna, 118
  reflejar, 28–29
  sobre diferentes objetos, 30–31
  vista y, 16–21

Luz del día, 136–137

M

Mandíbula, 65

Mariposas, 24–25, 72

Martín pescador, 82–83

Mensajes de texto, 32

Mi cuaderno de ciencias, 5, 7, 8–9, 11, 13, 14–15, 17, 19, 21, 23, 25, 27, 29, 30–31, 33, 35, 36–37, 43, 45, 47, 49, 51, 53, 55, 57, 60–63, 65, 67, 69, 71, 73, 75, 77, 79, 83, 84–85, 87, 89, 91, 93, 97, 99, 101, 104–105, 111, 113, 115, 117, 119, 121, 123, 125, 127, 129, 131, 133, 135, 137, 138–139

Movimiento
  de la Luna, 109, 120–123, 130
  de las estrellas, 128–129, 130–133
  de los animales, 90–91, 96
  del Sol, 110, 114–117, 130

N

Nakatsu, Eiji, 80–83

Nariz, 76–77

Noche, 112–113

O

Oídos, audición, 66–67

Ojos, vista, 66–67

Orión, 127

Osa Mayor, 126, 130–131

Osa Menor, 128–129

Oscuridad, 18–21

Osos, 86, 92–93, 97

Osos polares, 92–93, 97

Otoño, 134–135, 136

P

Patas, 75

Patrones
  de las estaciones, 134–135
  de las estrellas, 126–127, 132–133
  del día y la noche, 110–111
  movimiento de la Luna, 109, 120–123, 130
  movimiento de las estrellas, 128–129, 130–133
  movimiento del Sol, 116–117, 130

Piensa como un científico
  Buscar patrones, 96–97
  Hacer observaciones, 60–63, 104–105, 138–139
  Planificar e investigar, 8–9, 14–15, 30–31

Piensa como un ingeniero
  Diseñar un aparato, 36–37
  Diseñar una solución, 84–85

Perros, diferentes tipos, 100–101

Personas, comunicación, 32–33

Perú, 38

Petreles gigantes, 97

Picos, 68

Piel, 65

Piernas, 72–73

Pies
  movimiento con los, 64, 72–73
  usados para agarrar, 68

Pingüinos, 40–41, 88–89

Pino, 54–55

Piña, 55

Planta de lila, 59

Planta de tomate, 52–53

Plantas
  cambio con las estaciones, 134–135
  ciclo de vida de una planta de tomate, 52–53
  flores, 46, 47
  fruto, 46
  hojas, 44
  luz y, 44, 48–51
  partes de las, 42–47
  pino ellioti, 54–55
  plantas jóvenes y plantas madre, 54–63
  raíces, 44, 45, 50–51
  semillas, 46
  tallos, 44, 45
  zinnias, 56–57

Plántulas, 53

Polaris, 126, 128–129

149

Primavera
    estado del tiempo, 134–135
    horas de luz, 136

Protección, 70–71, 78, 84–85, 92–93, 96

Puercoespines, 70–71

Pulmones, 76

Pulpo, 72–73

R

Raíces,
    crecimiento de las, 50–51
    función de las, 44, 45

Reflejo, 28–29, 118

Refugio, 90–91

Repollo, 58

S

Sabana, 76

Salamanquesa, 70

Salazar, Gabby, 38–39

Selva tropical, 38

Semillas, 46, 53

Serpientes, 72

Serretas, 96–97

Sol
    como una estrella, 110–111
    luz del, 16, 110–111, 118
    movimiento del, 114–117, 130

Sombra, 26–27

Sonido
    como una onda, 2–3
    comunicarse con, 34–35
    vibraciones, 4–13

Submarino, 23

Supervivencia
    de los animales, 64–65
    de los plantas, 42, 44

Suricatas, 94–95

T

Tallos
    de un pino ellioti, 54
    funciones de los, 44, 45
    respuesta a la luz, 48–49

Tambores, 10–11

Teléfonos celulares, 32

Telescopio, 140–141

Tierra
    día y noche, 112–113
    estaciones, 134–137
    horas de luz, 136–137

Tortugas, 22–23, 71, 92–93

Tren bala, 80–83

Trompa de un elefante, 68

Tronco de un árbol, 54–55

U

Una mirada más
    ¿En qué se parecen y en qué se diferencian las plantas?, 58–59
    ¿En qué se parecen y en qué se diferencian los animales?, 102–103
    Maestras suricatas, 94–95

V

Venado, 78, 103

Verano
    estado del tiempo, 134–135
    horas de luz, 136

Vibraciones del sonido, 4–13

Vista
    de los animales, 66–67
    luz y, 16–21

Volar, 72

Z

Zarigüeyas, 90–91

Photographic and Illustrator Credits

Front Matter
Title Page ©Steve Winter/National Geographic Creative. **ii–iii** ©Adalberto Rios Lanz/Sexto Sol/Photodisc/Getty Images. **iv–v** ©Markus Lange/Robert Harding World Imagery/Getty Images. **vi–vii** ©Mitsuaki Iwago/Minden Pictures. **viii–ix** ©Auscape/UIG/Getty Images.

Ciencias físicas: Ondas: Luz y sonido
2–3 ©Xavier Arnau/Vetta/Getty Images. **4–5** ©Jinxy Productions/Blend Images/Getty Images. **5** (tr) ©Michael Goss Photography/National Geographic Learning. **6** (cr) ©National Geographic School Publishing. (bl) ©Michael Goss Photography/National Geographic Learning. (tr) ©National Geographic Learning. (br) ©National Geographic School Publishing. **6–7** ©moodboard/Cultura/Getty Images. **7** (tl) ©National Geographic Learning. (tr) ©Michael Goss Photography/National Geographic Learning. **8–9** ©1001nights/E+/Getty Images. **10–11** ©Sue Bishop/Photolibrary/Getty Images. **12** (bl) ©Michael Goss Photography/National Geographic Learning. **12–13** ©Waterfall William/Perspectives/Getty Images. **13** (tl) ©Michael Goss Photography/National Geographic Learning. (tr) ©Michael Goss Photography/National Geographic Learning. **14–15** ©Don Bayley/E+/Getty Images. **16–17** ©myu-myu/Flickr/Getty Images. **18–19** ©Karen Doody/Stocktrek Images/Getty Images. **20** (bl) ©Michael Goss Photography/National Geographic Learning. (c) ©National Geographic Learning. (br) ©National Geographic School Publishing. **20–21** ©Michael Hanson/National Geographic Creative. **21** (tr) ©Michael Goss Photography/National Geographic Learning. (tl) ©Michael Goss Photography/National Geographic Learning. **22–23** ©Sean White/Design Pics/Getty Images. **23** (tr) ©Marco Grob/National Geographic Creative. **24–25** ©Darrell Gulin/DanitaDelimont.com **26–27** ©Jason Edwards/National Geographic Creative. **27** (tr) ©Dorling Kindersley/Getty Images. **28–29** ©Frans Lanting/National Geographic Creative. **29** (tr) ©Michael Goss Photography/National Geographic Learning. **30–31** ©Brian J. Skerry/National Geographic Creative. **32–33** ©Andrea Pistolesi/The Image Bank/Getty Images. **33** (tr) ©Michael Goss Photography/National Geographic Learning. (tl) ©Michael Goss Photography/National Geographic Learning. **34** (bl) ©Michael Goss Photography/National Geographic Learning. (br) ©Michael Goss Photography/National Geographic Learning. **34–35** ©Ken Welsh/Photodisc/Getty Images. **35** (tl) ©Michael Goss Photography/National Geographic Learning. (bl) ©Michael Goss Photography/National Geographic Learning. **36–37** ©Tiffany Rose/WireImage/Getty Images. **38** (bl) ©Gabby Salazar. (br) ©Gabby Salazar. **38–39** ©Gabby Salazar. **39** (tr) ©Bill Campbell.

Ciencias de la vida: Estructura, función y procesamiento de información 40–41 ©Mint Images - David Schultz/Vetta/Getty Images. **42–43** ©szefei wong/Alamy. **44–45** ©Kaz Chiba/Photodisc/Getty Images. **46** (tl) ©Ottfried Schreiter/Imagebroker RF/Age Fotostock. **46–47** ©Meinrad Riedo/Imagebroker RF/Age Fotostock. **47** (tl) ©Valentyn Volkov/Shutterstock.com. **48** (bl) ©Jeanine Childs/National Geographic Learning. (bc) ©Michael Goss Photography/National Geographic Learning. **48–49** ©Elena Elisseeva/Zoonar GmbH RF/Age Fotostock. **49** (tl) ©Jeanine Childs/National Geographic Learning. (tr) ©Jeanine Childs/National Geographic Learning. **50** (tl) ©National Geographic Learning. (tc) ©National Geographic School Publishing. (tr) ©National Geographic School Publishing. (cl) ©National Geographic School Publishing. (c) ©National Geographic School Publishing. (cr) ©National Geographic School Publishing. (bl) ©National Geographic Learning. (br) ©National Geographic School Publishing. **50–51** ©Micah Young/E+/Getty Images. **51** (tl) ©National Geographic School Publishing. (bl) ©National Geographic Learning. **52–53** ©Maurice vander Velden/iStockphoto.com. **53** (cl) ©mrivserg/Shutterstock.com. (tc) ©Marvin Dembinsky Photo Associates/Alamy. (cr) ©Funwithfood/iStockphoto.com. (c) ©Fotokostic/Shutterstock.com. **54–55** ©AfriPics.com/Alamy. **55** (tr) ©Zach Holmes/Alamy. (br) ©David Hosking/Nomad/Corbis. **56–57** ©Surachai/Shutterstock.com. **58** (bl) ©Alexander Blinov/Alamy. **58–59** (c) ©Isabelle Plasschaert/Photolibrary/Getty Images. **59** (t) ©blickwinkel/Layer/Alamy. (tr) ©Eric Welzel/Fox Hill Lilac Nursery. **60–61** ©David Chapman/Alamy. **62–63** ©Kosam/Shutterstock.com. **64–65** ©Wayne Lynch/Passage/Corbis. **66** (bl) ©Michael Durham/Minden Pictures. (br) ©Maximilian Weinzierl/Alamy. **66–67** ©Cyril Ruoso/Animals/Lemurs Feature Stories/Ring-tailed Lemurs/Minden Pictures. **68** (bl) ©Ken Canning/Vetta/Getty Images. (br) ©Arno Meintjes Wildlife/Flickr Open/Getty Images. **68–69** ©Alex Mustard/Nature Picture Libary. **70** (bl) ©George Grall/National Geographic Creative. **70–71** ©Arco Images/Tuns/Arco Images GmbH/Alamy. **71** (tr) ©Chris Mattison/Alamy. **72** (br) ©chronowizard gasikara/Flickr/Getty Images. (bl) ©Patricio Robles Gil/Sierra Madre/Minden Pictures/Getty Images. **72–73** ©Dave Fleetham/Canopy/Corbis. **74** (br) ©Fred J. Lord/Jaynes Gallery/Danita Delimont/Alamy. (bl) ©Rolf Nussbaumer/Nature Picture Libary. **74–75** ©Photo 24/Stockbyte/Getty Images. **76–77** ©Frans Lanting/Mint Images/Getty Images. **77** (tl) ©Bob Handelman/Alamy. (tr) ©Yvette Cardozo/Alamy. **78** (bl) ©Klaus Nigge/National Geographic Creative. **78–79** ©Jim Cumming/Flickr Open/Getty Images. **80–81** ©Vacclav/Shutterstock.com. **81** (tr) ©Eiji Nakatsu. **82** (bl) ©Photoshot/Photoshot Holdings Ltd/Alamy. (br) ©J Marshall/J Marshall - Tribaleye Images/Alamy. **82–83** ©mike lane/Alamy. **84–85** ©Wim van den Heever/Tetra Images/Alamy. **86** (bl) ©Suzi Eszterhas/Minden Pictures/Corbis. (br) ©Blickwinkel/Poelking/Alamy. **86–87** ©Don Johnston/Passage/Corbis. **88–89** ©Johnny Johnson/Photographer's Choice/Getty Images. **90–91** ©Arco/Nature Picture Library. **92–93** ©Anna Henly/Photolibrary/Getty Images. **93** (tr) ©Kenneth Garrett/National Geographic Creative. **94–95** ©Beverly Joubert/National Geographic Creative. **95** (tr) ©Simon King/Nature Picture Library. **96–97** ©Blickwinkel/McPhoto/VLZ. **97** (tl) ©Anup Shah/Digital Vision/Getty Images. (tr) ©Johnny Johnson/The Image Bank/Getty Images. (cr) ©Michael Lohmann/Premium/Age Fotostock. **98–99** ©Philip Mugridge/Alamy. **100** (bl) ©Gerry Pearce/Alamy. (br) ©Kerri Wile/Flickr Open/Getty Images. **100–101** ©Your personal camera obscura/Flickr/Getty Images. **102–103** ©Rob Reijnen/Foto Natura/Minden Pictures/Getty Images. **103** (tr) ©Keren Su/China Span/Alamy. (c) ©Fred LaBounty/Alamy. **104–105** ©Pete Oxford/Minden Pictures/Getty Images. **106–107** ©Beverly Joubert/National Geographic Creative.

Ciencias de la Tierra: Sistemas del espacio: Patrones y ciclos
108–109 ©Bjorn Holland/Photodisc/Getty Images. **110–111** ©Stocktrek Images Inc./Alamy. **112** (bl) ©Witold Skrypczak/Lonely Planet Images/Getty Images. **112–113** ©Keith Kapple/SuperStock/Getty Images. **114–115** ©Carolyn lagattuta/Flickr Open/Getty Images. **116** (cl) ©National Geographic Learning. (c) ©iStockphoto.com/ideabug. **116–117** ©Frank Sommariva/Imagebroker RF/Age Fotostock. **118** (bl) ©Johnny Haglund/Lonely Planet Images/Getty Images. **118–119** ©Ricardo Arnaldo/Alamy. **120–121** ©Karl Lehmann/Lonely Planet Images/Getty Images. **122** (cl) ©National Geographic Learning. (c) ©iStockphoto.com/ideabug. **122–123** ©Steven Lee/Alamy. **124–125** ©Ed Leckert/Flickr/Getty Images. **130–131** ©maxchu/Flickr/Getty Images. **132** (cl) ©iStockphoto.com/ideabug. (c) ©National Geographic Learning. **132–133** ©Gilbert Rondilla Photography/Flickr/Getty Images. **133** (tr) ©National Geographic Learning. (cl) ©National Geographic Learning. **134–135** ©Roger Wilmshurst/FLPA/Age Fotostock. **135** (cl) ©Andrew Bret Wallis/Photodisc/Getty Images. (tc) ©Andrew Bret Wallis/Photodisc/Getty Images. (cr) ©Andrew Bret Wallis/Photodisc/Getty Images. (c) ©Andrew Bret Wallis/Photodisc/Getty Images. **136** (bl) ©Fotosearch RM/Fotosearch RM/age fotostock. **136–137** ©Fotosearch RM/Fotosearch RM/Age Fotostock. **138–139** ©Peter zelei/E+/Getty Images. **140–141** ©Eduardo Rubiano/National Geographic/Corbis. **141** (tr) ©Knicole Colon.

End Matter
142–143 ©Barbara Friedman/Flickr/Getty Images. **144–145** ©Martin Harvey/Photolibrary/Getty Images. **146–147** ©HawaiiBlue/Flickr/Getty Images. **148–149** ©bgfoto/E+/Getty Images. **150** ©Verkauf/Flickr/Getty Images.

Illustration Credits

Unless otherwise indicated, all maps were created by Mapping Specialists and all illustrations were created by Precision Graphics.

151

Content Consultants

Randy L. Bell, Ph.D.
Associate Dean and Professor of Science Education, College of Education, Oregon State University

Malcolm B. Butler, Ph.D.
Associate Professor of Science Education, School of Teaching, Learning and Leadership, University of Central Florida

Kathy Cabe Trundle, Ph.D.
Department Head and Professor, STEM Education, North Carolina State University

Judith S. Lederman, Ph.D.
Associate Professor and Director of Teacher Education, Illinois Institute of Technology

Acknowledgments
Grateful acknowledgment is given to the authors, artists, photographers, museums, publishers, and agents for permission to reprint copyrighted material. Every effort has been made to secure the appropriate permission. If any omissions have been made or if corrections are required, please contact the Publisher.

NEXT GENERATION SCIENCE STANDARDS is a registered trademark of Achieve. Neither Achieve nor the lead states and partners that developed the Next Generation Science Standards was involved in the production of, and does not endorse, this product.

Photographic and Illustrator Credits
Front cover wrap ©Steve Winter/National Geographic Creative.
Back cover (tl) ©Mark Thiessen/National Geographic Creative. (bl) ©Michael Nichols/National Geographic Creative.

Acknowledgments and credits continued on page 151.

Copyright © 2015 National Geographic Learning, Cengage Learning

ALL RIGHTS RESERVED. No part of this work covered by the copyright herein may be reproduced, transmitted, stored, or used in any form or by any means graphic, electronic, or mechanical, including but not limited to photocopying, recording, scanning, digitizing, taping, web distribution, information networks, or information storage and retrieval systems, except as permitted under Section 107 or 108 of the 1976 United States Copyright Act, without the prior written permission of the publisher.

National Geographic and the Yellow Border are registered trademarks of the National Geographic Society.

For permission to use material from this text or product, submit all requests online at www.cengage.com/permissions

Further permissions questions can be emailed to permissionrequest@cengage.com

Visit National Geographic Learning online at NGL.Cengage.com

Visit our corporate website at www.cengage.com

Printed in the USA.
RR Donnelley, Willard, OH

ISBN: 978-13050-76860

14 15 16 17 18 19 20 21 22 23

10 9 8 7 6 5 4 3 2 1